高职高专机电类专业系列教材

Mechanical
Drawing

U0168222

机械制图

主　编　张　敏　战淑红
副主编　华明茜　张新红　张　娜
参　编　王　燕　申志萍

机械工业出版社
CHINA MACHINE PRESS

本书共 9 章，包括制图的基本知识与技能、投影基础、立体的投影、组合体、轴测图、机件的表达方法、标准件与常用件、零件图和装配图。

　　本书根据高职高专的教学特点，结合高职高专学生的实际学习能力和教学培养目标编写而成，并配有习题集。本书可作为高职高专机械类和近机械类各专业的教材或成人教育的培训教材，也可作为工程技术人员的参考书。

　　本书配有电子课件，凡使用本书作为教材的教师可登录机械工业出版社教育服务网 www.cmpedu.com 注册后下载。咨询电话：010 - 88379375。

图书在版编目（CIP）数据

机械制图/张敏，战淑红主编. —北京：机械工业出版社，2020.4（2021.8 重印）
高职高专机电类专业系列教材
ISBN 978-7-111-65317-2

Ⅰ.①机…　Ⅱ.①张…②战…　Ⅲ.①机械制图 – 高等职业教育 – 教材
Ⅳ.①TH126

中国版本图书馆 CIP 数据核字（2020）第 061054 号

机械工业出版社（北京市百万庄大街 22 号　邮政编码 100037）
策划编辑：薛　礼　责任编辑：薛　礼
责任校对：梁　静　封面设计：张　静
责任印制：单爱军
河北宝昌佳彩印刷有限公司印刷
2021 年 8 月第 1 版第 2 次印刷
184mm×260mm · 15.75 印张 · 382 千字
1 901—4 400 册
标准书号：ISBN 978-7-111-65317-2
定价：49.00 元

电话服务　　　　　　　　　网络服务
客服电话：010-88361066　　机　工　官　网：www.cmpbook.com
　　　　　010-88379833　　机　工　官　博：weibo.com/cmp1952
　　　　　010-68326294　　金　书　网：www.golden-book.com
封底无防伪标均为盗版　机工教育服务网：www.cmpedu.com

前言 PREFACE

本书是为适应高职高专的教学特点，更好地满足现代化产业发展的需求编写而成的。本书还配套有《机械制图习题集》。

根据岗位的实际需求和后续专业课的需要，本书秉承实用为主、够用为度的教学原则，具体特色如下：

1）内容精炼，够用实用，符合高职高专学生未来工作岗位的基本需求。

2）书中三维立体图（除轴测图一章外）均采用三维实体造型，具有真实、形象的立体感。

3）书中例题力求图文并茂，作图步骤完整，表达清晰，使学生易学易懂。

4）本书有配套的电子课件和习题集答案，方便教师授课和学生学习。

5）本书全面贯彻现行《技术制图》和《机械制图》国家标准。

本书由张敏、战淑红担任主编，华明茜、张新红、张娜担任副主编，王燕和申志萍任参编。编写分工如下：王燕、战淑红编写绪论、第1章，张娜编写第2、第3章，华明茜编写第4、第5章，张新红编写第6、第7章，张敏编写第8、第9章，申志萍、张敏编写附录。

由于编者水平有限，书中难免会有不足和错误，恳请读者批评指正。

编　者

目录 CONTENTS

绪论
CHAPTER 0

1. 本课程的研究对象及重要性

在工程技术领域，根据投影原理及国家标准有关规定绘制的、能准确反映物体的形状、大小及技术要求的图称为工程图样，简称图样。

不同的生产部门对图样的要求也不同，它们的名称也不一样，如机械制图、建筑制图和水利工程图等。图样是现代化生产中重要的技术文件，也是工程技术人员表达产品设计意图和交流技术思想的重要工具，素有"工程界语言"之称。

机械制图是研究机械图样的绘制、表达和阅读的一门学科，是从事机械行业的工程技术人员必修的一门技术基础课，它为后续技术类专业课的学习奠定了必不可缺的基础。如果不了解国家标准《技术制图》和《机械制图》的相关规定，不具备绘制和阅读机械图样的能力，就无法从事相关的技术工作，因此学好机械制图这门课是非常重要和必要的。

2. 本课程的任务

1）学习机械制图的基本知识与方法，培养仪器绘图、计算机绘图和徒手绘图等综合绘图能力。

2）学习正投影法的基本理论，培养图解空间几何问题的初步能力及空间想象、空间思维能力。

3）学习国家标准《技术制图》和《机械制图》的相关规定，能够正确执行国家标准的规定，具有查阅有关标准及手册的能力。

4）学习绘制、阅读零件图及部件装配图的基本方法、步骤，具备绘制和阅读机械图样的基本能力。图0-1所示为轴承盖零件图，图0-2所示为推杆阀装配图。

5）通过严格遵守和执行国家标准的相关规定和制图规则，培养学生认真负责的工作态度和严谨细致、一丝不苟的工作作风。

3. 本课程的内容及学习方法

本课程的内容和对应的学习方法如下：

（1）严守标准，符合规范　本书的第1章内容是制图的基本知识与技能，通过本章内容的学习，学生应当了解并掌握国家标准的有关规定，而且在今后的学习过程中必须严格遵守国家标准的规定；还应熟悉和掌握绘图工具的使用及基本绘图方法，认真完成习题集中的相应作业，为后续学习奠定基础。

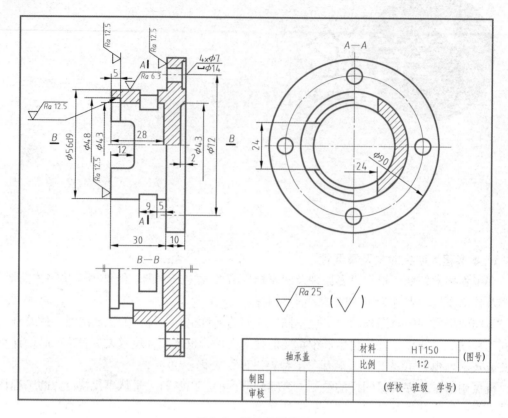

图 0-1　轴承盖零件图

（2）夯实基础，循序渐进　本书的第 2 章～第 5 章内容是投影基础及形体的投影，这部分内容从点、线、面、基本体、切割体、相贯体、组合体到轴测图，由浅入深，循序渐进。通过该部分的学习，学生应掌握基本投影规律，并不断地开动脑筋，能在二维和三维之间反复切换，建立空间概念，形成空间想象和空间思维的能力，学好这部分内容对后续内容的学习起着至关重要的作用。学生应通过大量的作业、练习、绘图和读图实践夯实基础，逐步具备绘图和读图能力。

（3）牢记规定，严格遵守　本书的第 6 章和第 7 章内容是《机械制图》国家标准中关于机件的表达方法及标准件、常用件的规定画法，这部分内容涉及较多国家标准的规定画法和相关数据，是绘制和识读机械图样的基础。在学习过程中，学生要熟悉并牢记这些规定，严格按照国家标准的规定进行绘图和读图，能熟练查阅相关标准，按时完成习题集中相应的作业。

（4）全面掌握，融会贯通　本书的第 8 章和第 9 章内容是本课程学习的重点，是学生将来走向与本专业相关工作岗位所必须掌握的知识。这两章内容既是对前几章所学内容的综合应用，又增加了与机械加工相关的内容。通过学习，学生可以加深理解和巩固所学知识，同时要多了解和深入生产实际，不断增加感性认识，丰富自己的工程实践知识。

由于图样是生产的依据，绘图和读图中的任何一点疏忽都有可能给生产造成严重的损失。因此，在学习过程中，学生还应注意养成认真负责、耐心细致、一丝不苟的良好工作作风。

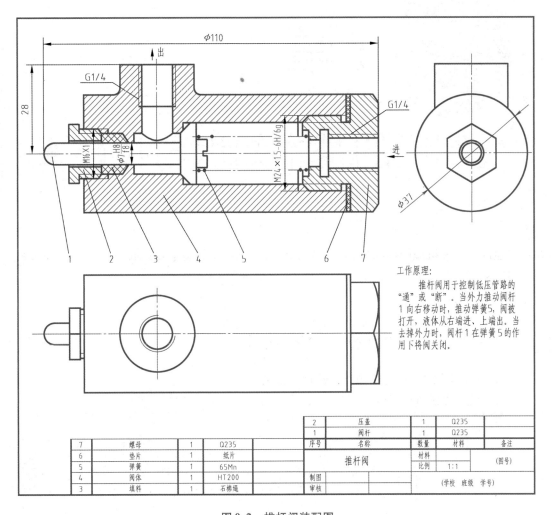

工作原理:
推杆阀用于控制低压管路的"通"或"断"。当外力推动阀杆1向右移动时，推动弹簧5，阀被打开，液体从右端进、上端出。当去掉外力时，阀杆1在弹簧5的作用下将阀关闭。

2	压盖	1	Q235	
1	阀杆	1	Q235	
序号	名称	数量	材料	备注

7	螺母	1	Q235
6	垫片	1	纸片
5	弹簧	1	65Mn
4	阀体	1	HT200
3	填料	1	石棉绳

推杆阀	材料		(图号)
	比例	1:1	
制图			
审核		(学校　班级　学号)	

图 0-2　推杆阀装配图

第1章
CHAPTER 1

制图的基本知识与技能

在绘制和识读机械图样的过程中，首先应对机械制图的基本知识有所了解，包括机械制图的基本规定、绘图工具的正确使用以及几何图形的作图方法。

【学习重点】

1. 掌握国家标准《技术制图》与《机械制图》中有关图纸幅面、比例、字体、图线和尺寸标注等规定。
2. 掌握常用绘图工具的使用方法和使用技巧。
3. 学会基本图形的画图方法和技巧，能绘制平面图形并标注尺寸。

1.1 国家标准《技术制图》和《机械制图》的一般规定

机械工程图样是机械产品设计、制造、检验和安装过程中不可缺少的重要技术资料，也是技术交流的重要工具和语言。因此，必须按照国家标准《技术制图》和《机械制图》中的有关规定绘制和识读机械图样，以便于生产、管理和技术交流。

1.1.1 图纸幅面、图框格式及标题栏

为了便于图样的绘制、使用和保管，图样均应画在规定幅面和格式的图纸上。

1. 图纸幅面（GB/T 14689—2008）

绘制图样时，应优先采用表 1-1 中规定的基本幅面，各基本幅面之间的尺寸关系如图 1-1 所示。必要时也可采用国家标准规定的加长幅面。

表 1-1　图纸的基本幅面尺寸 （单位：mm）

幅面代号	A0	A1	A2	A3	A4
$B \times L$	841 × 1189	594 × 841	420 × 594	297 × 420	210 × 297
e	20			10	
c	10			5	
a	25				

2. 图框格式

保存图样时可以选择横装或竖装。一般情况下，A3以上图幅横装，A4图幅竖装。但无论图样是否需要装订，均应用粗实线画出图框。图框格式分为留装订边和不留装订边两种，如图 1-2 和图 1-3 所示。图框尺寸见表 1-1。

3. 标题栏（GB/T 10609.1—2008）

标题栏是机械图样中不可缺少的重要内容，它应画在图框内的右下角，如图 1-2 和图 1-3 所示。国家标准规定的标题栏格式如图 1-4 所示，学生作业中的标题栏一般采用图 1-5 所示的简化格式。

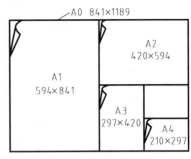

图 1-1　基本幅面之间的尺寸关系

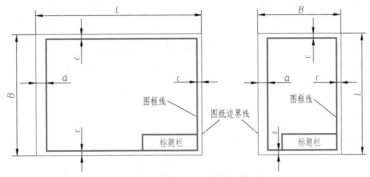

图 1-2　留装订边的图框格式

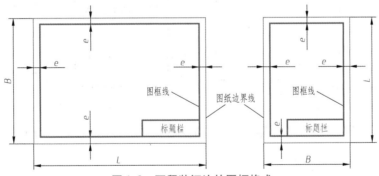

图 1-3　不留装订边的图框格式

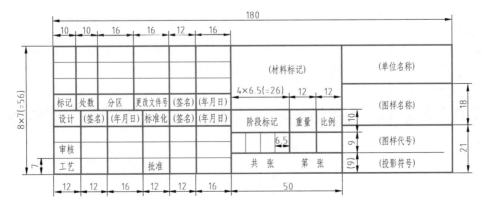

图 1-4　国家标准规定的标题栏格式

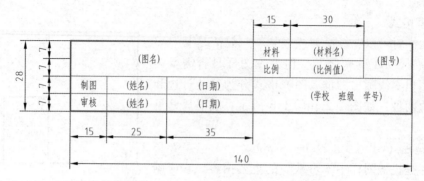

图1-5 学生作业中采用的标题栏格式

为方便图样复制和缩微摄影，可以在图框各边长的中点处分别画出对中符号，如图1-6a、b所示。对中符号用粗实线绘制，线宽不小于0.5mm，长度从图纸边界开始至伸入图框内约5mm。当对中符号处在标题栏范围内时，伸入标题栏内的部分省略不画。

当使用预先印制好图框及标题栏的图纸绘图时，为合理布置图形的需要，允许看图方向与看标题栏方向不同，但必须在图纸下边的对中符号处画出一个方向符号，方向符号的画法如图1-6c所示。

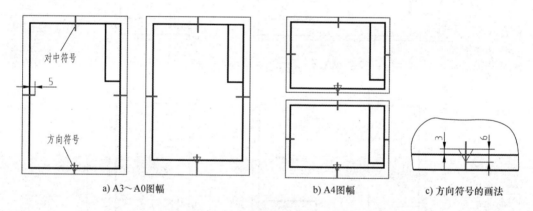

a) A3~A0图幅   b) A4图幅   c) 方向符号的画法

图1-6 对中符号与方向符号

1.1.2 比例 (GB/T 14690—1993)

比例是指图样中图形与其实物相应要素的线性尺寸之比。

画图时，应优先采用1:1的原值比例，便于根据图样直接了解机件的真实大小。当需要采用放大或缩小比例时，应按表1-2中规定的比例进行选取。

表1-2 比例系列

选用顺序	种 类	比 例		
优先选用	原值比例	1:1		
	放大比例	5:1	2:1	
		$5 \times 10^n:1$	$2 \times 10^n:1$	$1 \times 10^n:1$
	缩小比例	1:2	1:5	1:10
		$1:2 \times 10^n$	$1:5 \times 10^n$	$1:1 \times 10^n$

（续）

选用顺序	种 类	比 例				
可以选用	放大比例	4:1 $4 \times 10^n:1$	2.5:1 $2.5 \times 10^n:1$			
	缩小比例	1:1.5 $1:1.5 \times 10^n$	1:2.5 $1:2.5 \times 10^n$	1:3 $1:3 \times 10^n$	1:4 $1:4 \times 10^n$	1:6 $1:6 \times 10^n$

注：n 为正整数。

图 1-7 所示为同一机件按不同比例绘制的情况。不论采用放大比例还是缩小比例，图样上的尺寸数值都应按机件的实际尺寸进行标注。

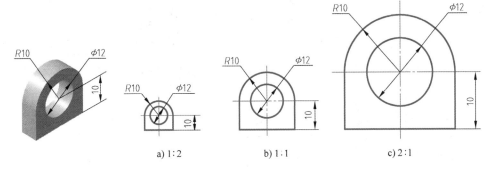

a) 1:2   b) 1:1   c) 2:1

图 1-7　用不同比例画出的同一机件的图形

1.1.3　字体（GB/T 14691—1993）

图样中的汉字、字母和数字均应按照国家标准的要求进行书写，字体示例见表 1-3。

表 1-3　字体示例

字体		示例
汉字	10 号	字体工整笔画清楚间隔均匀排列整齐
	7 号	横平竖直注意起落结构均匀填满方格技术要求
	5 号	未注圆角倒角淬火铸件时效处理表面检查密封阀体配作缺陷
拉丁字母	大写斜体	*ABCDEFGHIJKLMNOPQRSTUVWXYZ*
	大写直体	ABCDEFGHIJKLMNOPQRSTUVWXYZ
	小写斜体	*abcdefghijklmnopqrstuvwxyz*
	小写直体	abcdefghijklmnopqrstuvwxyz

（续）

字体		示例
阿拉伯数字	斜体	*0 1 2 3 4 5 6 7 8 9*
	直体	0 1 2 3 4 5 6 7 8 9
罗马数字	斜体	*I II III IV V VI VII VIII IX*
希腊字母	大小写	$\Phi\ \alpha\ \beta\ \gamma\ \theta$
字体应用		$\phi 20^{+0.006}_{-0.015}$ $\phi 30\dfrac{H7}{f6}$ $\dfrac{II}{2:1}$ $\sqrt{}Ra12.5$ $M24\text{-}6h$ $R18$ 75 ± 0.09 $\alpha=20°$

1. 基本要求

在图样中书写字体必须做到：字体工整、笔画清楚、间隔均匀、排列整齐。

2. 字体高度

字体高度也称字号，用 h 表示。字体高度的公称尺寸系列为 1.8、2.5、3.5、5、7、10、14 和 20，单位为 mm。

3. 汉字

汉字应写成长仿宋体，并应采用国家正式公布的简化字。汉字的高度 h 不应小于 3.5mm，其字宽一般为 $h/\sqrt{2}$。

4. 字母和数字

字母和数字分 A 型和 B 型两种。A 型字体的笔画宽度（d）为字高（h）的 1/14，B 型字体的笔画宽度为字高的 1/10。表 1-3 中的字体均为 A 型。

1.1.4　图线及其画法（GB/T 17450—1998、GB/T 4457.4—2002）

机械图样中常用线型的图线名称、线型、宽度及主要用途见表 1-4。常用图线的应用示例如图 1-8 所示。

表 1-4　常用图线名称、线型、宽度及主要用途

名称	线型	宽度	主要用途
粗实线	——————————	粗 d	表示可见轮廓线
粗虚线	– – – – – – – – –		表示表面经过处理
粗点画线	—·——·——·——		限定范围表示线

（续）

名称	线型	宽度	主要用途
细实线	——————————		表示尺寸线、尺寸界线、剖面线、指引线、重合断面的轮廓线、过渡线等
波浪线	～～～～～～		表示断裂处的边界线、视图与剖视图的分界线
双折线	—∿—∿—∿—	细约 $d/2$	表示断裂处的边界线
细虚线	– – – – $\dfrac{3\sim6}{}$ $\vert$ 1		表示不可见轮廓线
细点画线	—·—·— 3 $15\sim30$		表示轴线、圆中心线、对称中心线
细双点画线	—··—··—		表示相邻辅助零件的轮廓线、运动件的轨迹线等

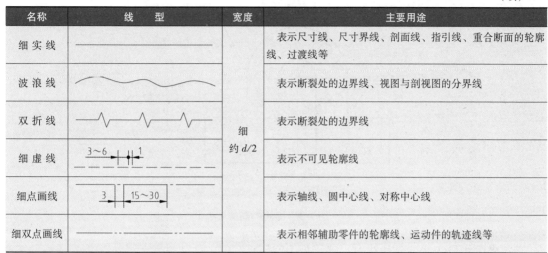

a) 直观图

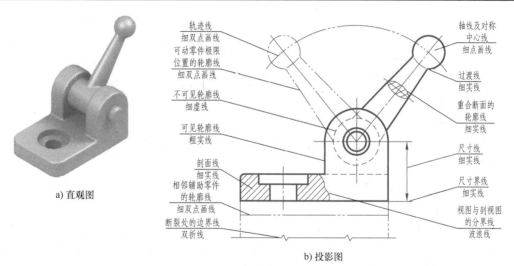

b) 投影图

图 1-8 常用图线的应用示例

　　图样中图线的宽度分粗线和细线两种。粗线宽度可根据绘图时图形的大小和复杂程度在 0.7～2mm 之间选择，细线的宽度约为粗线的 1/2。图线宽度的推荐系列为 0.13mm、0.18mm、0.25mm、0.35mm、0.5mm、0.7mm、1mm、1.4mm、2mm。

　　如图 1-9 所示，关于图线的画法，应注意以下几点：

　　1）同一张图样中，同类图线的宽度应基本一致。

　　2）虚线、点画线及双点画线各自的画长及间隔应尽量一致。

　　3）点画线、双点画线的首尾应为线段，不能为点，且点画线应超出图形外 2～5mm。

　　4）点画线、双点画线中的点是很短（约 1mm）的线段，不能画成圆点。

　　5）在较小的图形中绘制点画线有困难时，可用细实线代替。

　　6）虚线、点画线或双点画线与实线或自身相交时，应是线段相交，而不能是空隙相交。

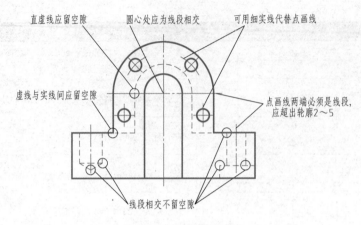

图 1-9 图线的画法

7）当虚线是实线的延长线时，连接处为空隙。

8）当各种线型重合时，应按粗实线、虚线、点画线的优先顺序画线。

1.1.5 尺寸注法（GB/T 4458.4—2003、GB/T 16675.2—2012）

机件的大小是由图样中标注的尺寸确定的。图样中的尺寸应遵照国家标准中有关尺寸注法的规定进行标注。

1. 基本规则

1）机件的真实大小应以图样上所注的尺寸数值为依据，与图形的大小及绘图的准确度无关。

2）图样（包括技术要求和其他说明）中的尺寸以毫米为单位时，不需标注单位符号（或名称）；若采用其他单位，则应注明相应的单位符号。

3）机件的每一尺寸一般只标注一次，并应标注在反映该结构最清晰的图形上。

4）图样中所标注的尺寸是该图样所示机件的最后完工尺寸，否则应另加说明。

2. 尺寸组成及其注法

如图 1-10 所示，一个完整的尺寸一般包括尺寸界线、尺寸线及终端（箭头或斜线，机械图样中一般采用箭头）和尺寸数字。

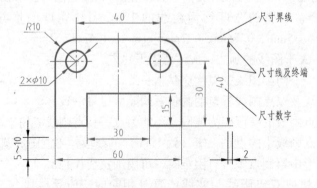

图 1-10 尺寸的组成

表1-5列出了尺寸标注的基本规定及常用注法。

表1-5 尺寸标注的基本规定及常用注法

项目	图 例	说 明
尺寸界线	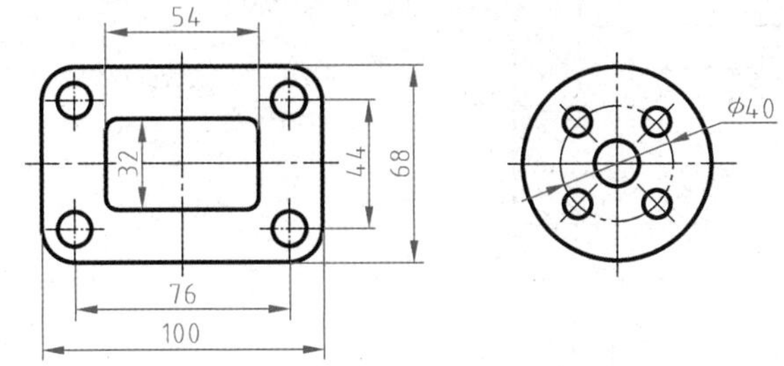	尺寸界线用细实线绘制,也可以利用轮廓线、中心线、轴线和它们的延长线作为尺寸界线 尺寸界线一般应与尺寸线垂直
	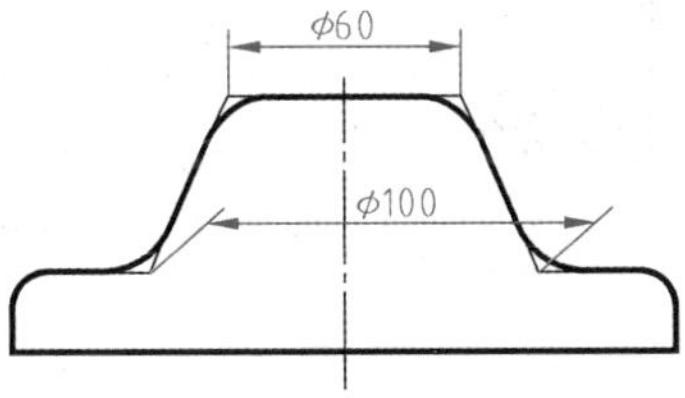	当尺寸界线贴近轮廓时,允许与尺寸线倾斜 在光滑过渡处标注尺寸时,必须用细实线将轮廓线延长,从它们的交点处引出尺寸界线
尺寸线及终端	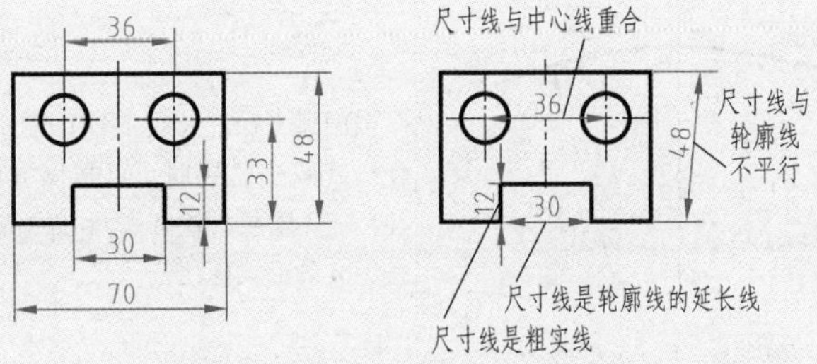 a) 正确 b) 错误	尺寸线必须用细实线单独画出,不能用其他图线代替,也不得与其他图线重合或在其他图线的延长线上 标注线性尺寸时,尺寸线必须与所标注的线段平行
	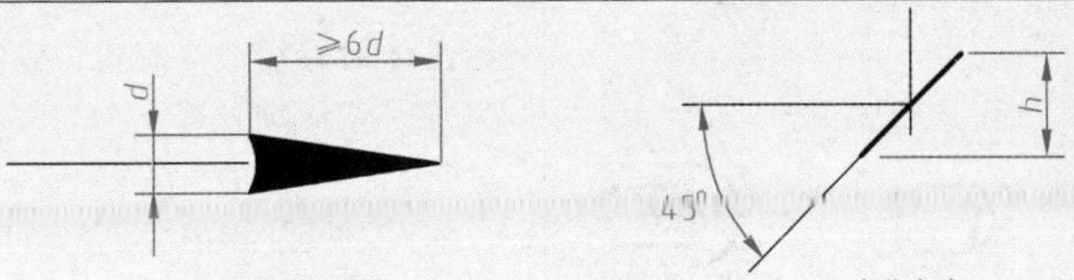 d=粗实线宽度 h=字体高度	机械图样中的尺寸线终端画箭头,土建图样中的尺寸线终端画斜线
尺寸数字	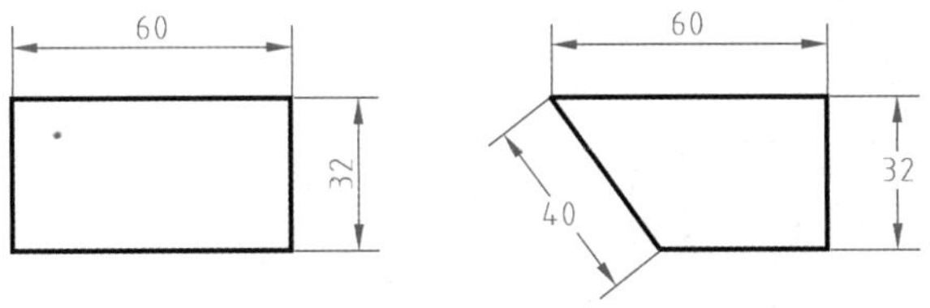	对于水平方向的线性尺寸,尺寸数字一般标注在尺寸线的上方,字头向上;对于垂直方向的线性尺寸,尺寸数字一般标注在尺寸线的左侧,字头向左 对于非水平方向的尺寸,其数字可以写在尺寸线的中断处,字头向上
	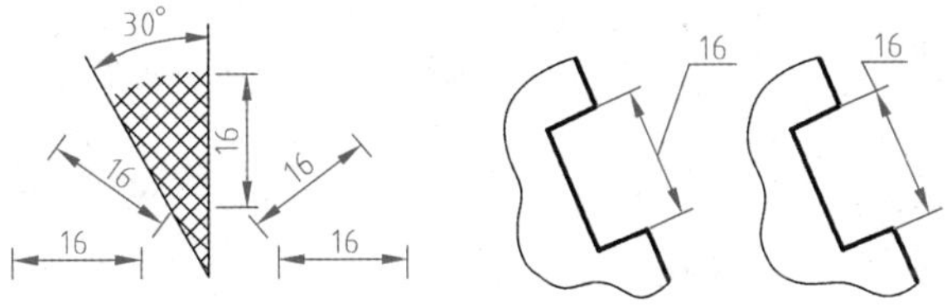 a) b)	线性尺寸的尺寸数字应按图a所示的方向标注,并尽可能避免在图示30°范围内标注尺寸,当无法避免时,可按图b的形式标注

（续）

项目	图　例	说明
尺寸数字	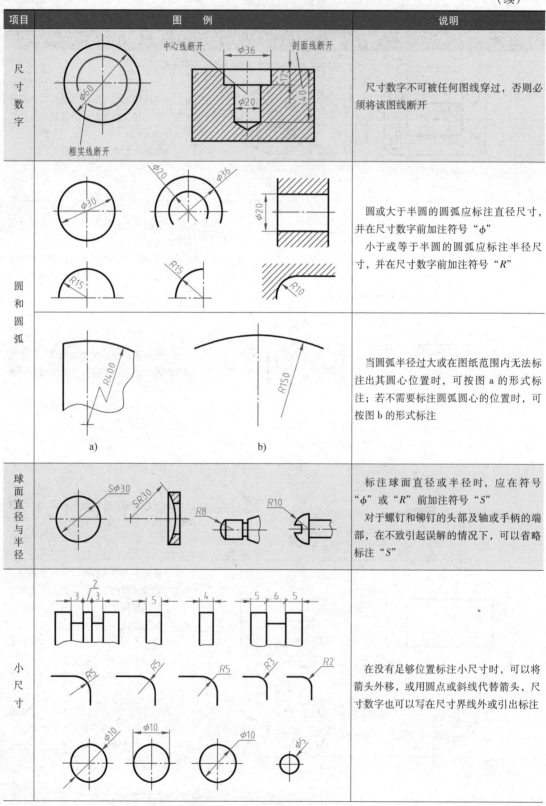	尺寸数字不可被任何图线穿过，否则必须将该图线断开
圆和圆弧		圆或大于半圆的圆弧应标注直径尺寸，并在尺寸数字前加注符号"ϕ" 小于或等于半圆的圆弧应标注半径尺寸，并在尺寸数字前加注符号"R"
		当圆弧半径过大或在图纸范围内无法标注出其圆心位置时，可按图 a 的形式标注；若不需要标注圆弧圆心的位置时，可按图 b 的形式标注
球面直径与半径		标注球面直径或半径时，应在符号"ϕ"或"R"前加注符号"S" 对于螺钉和铆钉的头部及轴或手柄的端部，在不致引起误解的情况下，可以省略标注"S"
小尺寸		在没有足够位置标注小尺寸时，可以将箭头外移，或用圆点或斜线代替箭头，尺寸数字也可以写在尺寸界线外或引出标注

（续）

项目	图 例	说明
角度	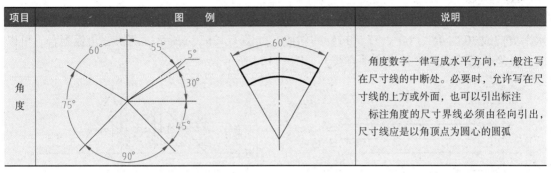	角度数字一律写成水平方向，一般注写在尺寸线的中断处。必要时，允许写在尺寸线的上方或外面，也可以引出标注 标注角度的尺寸界线必须由径向引出，尺寸线应是以角顶点为圆心的圆弧

1.2 常用手工绘图工具及其使用方法

在手工绘图时，正确地使用绘图工具是保证绘图质量、提高绘图速度的前提和基础。本节将简要介绍常用手工绘图工具及其使用方法。

1.2.1 图板、丁字尺、三角板

图板、丁字尺和三角板如图 1-11 所示。

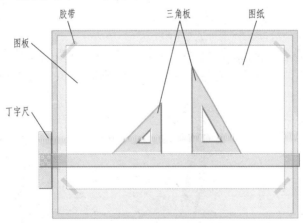

图 1-11 图板、丁字尺和三角板

1. 图板

图板是用于铺放和固定图纸的平板。它一般由木质的四周边框和胶合板板面制成，板面要求平整光滑，左右两导边必须平直。图纸可用胶带固定在图板上。

常用的图板规格有 0 号（900mm×1200mm）、1 号（600mm×900mm）、2 号（450mm×600mm），绘图时可以根据图幅的大小选用图板。

2. 丁字尺

丁字尺由尺头和尺身组成，主要用来画水平线。使用时，左手握住尺头使之靠紧图板的左侧导边上下移动，即可画出不同位置的水平线，如图 1-12a 所示。

3. 三角板

一套三角板由 45°和 30°、60°各一块组成。三角板和丁字尺配合使用可以画竖直线和与水平方向成 30°、45°、60°、75°和 15°的斜线，如图 1-12b、c 所示。两块三角板配合，可以画出任意位置直线的平行线和垂直线，如图 1-12d 所示。

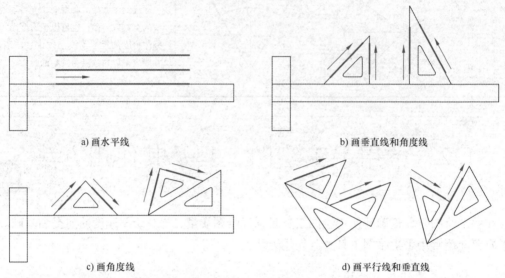

a) 画水平线   b) 画垂直线和角度线

c) 画角度线   d) 画平行线和垂直线

图 1-12　绘制各种位置图线

1.2.2　圆规和分规

1. 圆规

圆规是画圆和圆弧的工具。画图时，应尽量使定心针尖和铅芯尖同时垂直图面，定心针尖应使用钢针有台阶的一端，且要比铅芯尖稍长些。画大圆时，可使用加长杆，如图 1-13 所示。

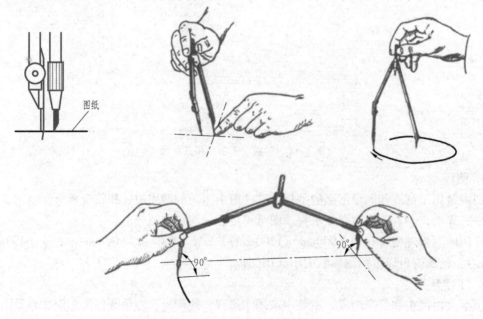

图纸

图 1-13　圆规及其使用方法

2. 分规

分规主要用于等分线段和量取尺寸。分规合拢时两个钢针的尖端应合为一点，如图1-14所示。通常为了作图方便，也经常用圆规代替分规。

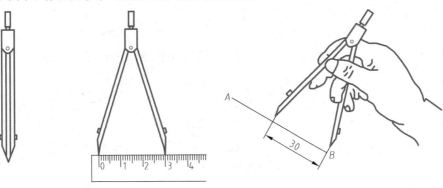

图1-14　分规及其使用方法

1.2.3　铅笔

铅笔主要用于画线和写字。常用的铅笔有 H、HB 和 B 三种，其中 H 铅笔铅芯较硬，常用于画底稿线；HB 铅笔软硬适中，常用于画细线和写字；B 铅笔较软，用于画粗线。

H、HB 铅笔通常削成锥状，如图 1-15a 所示，B 铅笔削成扁状，如图 1-15b 所示。

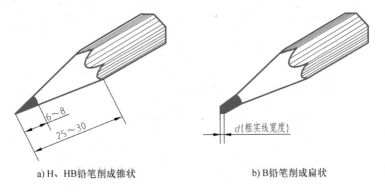

a) H、HB铅笔削成锥状　　　　　　　　　b) B铅笔削成扁状

图1-15　铅笔的削法

1.3　基本作图

机械图样中的图形是由一些基本几何图形组成的，因此熟练地掌握基本几何图形的作图方法和作图步骤是绘制机械图样的基础。常用的基本作图有等分线段、等分圆周、作正多边形、绘制斜度和锥度以及圆弧连接作图等。

1.3.1　等分线段

将一已知直线段按照要求分成若干相等的份数，即等分线段。等分线段的作图原理是平行线分线段成比例定理。

例1-1　如图1-16所示，将已知线段 AB 五等分。

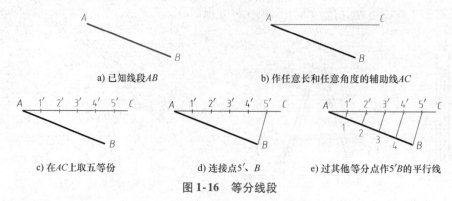

a) 已知线段AB　　　　　　　　　　b) 作任意长和任意角度的辅助线AC

c) 在AC上取五等份　　　　d) 连接点5′、B　　　　e) 过其他等分点作5′B的平行线

图 1-16　等分线段

1.3.2　等分圆周及作正多边形

1. 三等分圆周及作正三角形

1）用圆规三等分圆周和画正三角形，如图1-17所示。

a) 画已知圆　　　　　b) 画半径为R的圆弧　　　　c) 画出正三角形

图 1-17　用圆规三等分圆周和画正三角形

2）用三角板和丁字尺三等分圆周和画正三角形，如图1-18所示。

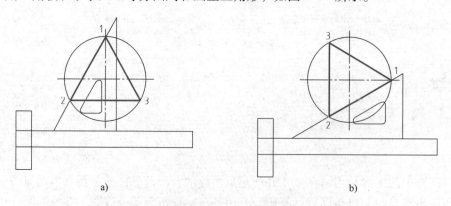

a)　　　　　　　　　　　　　b)

图 1-18　用三角板和丁字尺三等分圆周和画正三角形

2. 六等分圆周及作正六边形

1）用圆规六等分圆周和画正六边形，如图1-19所示。

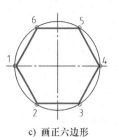

a) 画已知圆　　　　　　　b) 画半径为R的圆弧　　　　　c) 画正六边形

图1-19　用圆规六等分圆周和画正六边形

2) 用三角板和丁字尺六等分圆周和画正六边形，如图1-20所示。

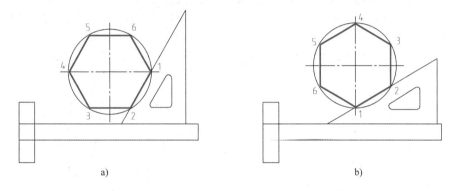

a)　　　　　　　　　　　　　　　　　b)

图1-20　用三角板和丁字尺六等分圆周和画正六边形

1.3.3　斜度和锥度

1. 斜度

斜度是指一直线对另一直线或一平面对另一平面的倾斜程度，如图1-21所示，斜度的大小用两直线（或平面）间夹角的正切值来表示，并写成 $1:n$ 的形式，即

$$斜度 = \tan\alpha = \frac{H}{L} = 1:n$$

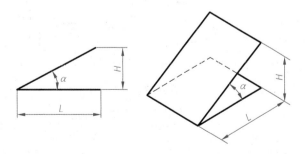

图1-21　斜度的定义

斜度符号、画法和标注如图1-22所示。标注斜度时，斜度符号"∠"中斜线的方向应与图中斜度的方向一致。

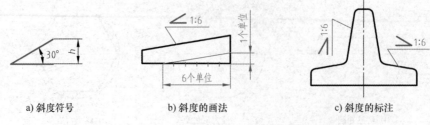

a) 斜度符号   b) 斜度的画法   c) 斜度的标注

图 1-22　斜度符号、画法和标注

2. 锥度

锥度是圆锥体底圆直径与锥体高度之比，如果是锥台，则为上、下底圆直径差与锥台高度之比，如图 1-23 所示。锥度应以 1:n 的形式表示，即

$$锥度 = 2\tan\alpha = \frac{D}{L} = \frac{(D-d)}{l} = 1:n$$

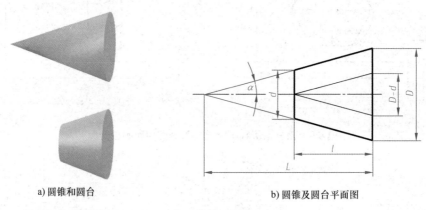

a) 圆锥和圆台   b) 圆锥及圆台平面图

图 1-23　锥度的定义

锥度符号、画法和标注如图 1-24 所示。锥度符号的方向应与图中锥度方向一致。

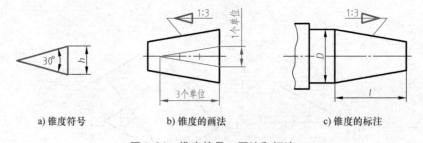

a) 锥度符号   b) 锥度的画法   c) 锥度的标注

图 1-24　锥度符号、画法和标注

1.3.4　圆弧连接作图

用一段圆弧光滑地连接相邻两直线段、两圆（或圆弧）或一直线段一圆（或圆弧）的作图方法称为圆弧连接。在绘制机械图样时，经常会有圆弧连接的作图，如图 1-25 所示。各种情况下圆弧连接的作图方法和步骤见表 1-6。

a) 拨叉直观图

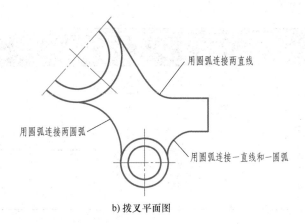

用圆弧连接两直线

用圆弧连接两圆弧

用圆弧连接一直线和一圆弧

b) 拨叉平面图

图 1-25　圆弧连接的应用

表 1-6　各种情况下圆弧连接的作图方法和步骤

类型	已知条件	作图方法和步骤		
		求连接圆弧圆心	求连接点（切点）	画连接弧并加深
连接两已知直线				
连接已知直线和圆弧				
外切连接两已知圆弧				
内切连接两已知圆弧				

（续）

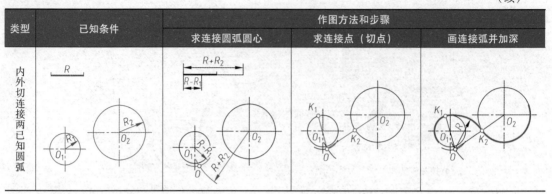

类型	已知条件	作图方法和步骤		
		求连接圆弧圆心	求连接点（切点）	画连接弧并加深
内外切连接两已知圆弧				

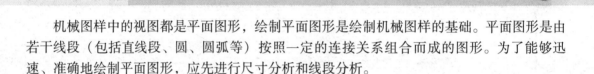

1.4 平面图形

  机械图样中的视图都是平面图形，绘制平面图形是绘制机械图样的基础。平面图形是由若干线段（包括直线段、圆、圆弧等）按照一定的连接关系组合而成的图形。为了能够迅速、准确地绘制平面图形，应先进行尺寸分析和线段分析。

1.4.1 平面图形的尺寸分析

  平面图形中的尺寸，按其作用可以分为定形尺寸和定位尺寸两大类。

1. 定形尺寸

  定形尺寸是指确定平面图形中线段形状和大小的尺寸，如直径尺寸、半径尺寸和线段长度尺寸等。图 1-26 中的尺寸 $\phi24$mm、$\phi12$mm、$R20$mm、$R40$mm、$R15$mm、60mm 及 10mm均为定形尺寸。

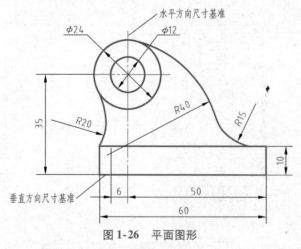

图 1-26 平面图形

2. 定位尺寸

  定位尺寸是指确定图形中各线段相对位置的尺寸。图 1-26 中的尺寸 35mm、50mm 及

6mm 均为定位尺寸。

3. 尺寸基准

尺寸基准即为标注定位尺寸的起点。如图 1-26 所示，垂直方向的尺寸基准为底边轮廓线，水平方向的尺寸基准为 $\phi24$mm 圆的垂直中心线。

注意：有时一个尺寸既是定形尺寸，又是定位尺寸。

1.4.2 平面图形的线段分析

在平面图形中，将直线段、圆和圆弧等构成图形的几何元素统称为线段。为了明确画图方法和步骤，按照定形和定位尺寸是否齐全，将线段分为三种。

1. 已知线段

定形和定位尺寸齐全，可以直接画出的线段称为已知线段。

如图 1-26 所示，定形尺寸为 $\phi24$mm、$\phi12$mm，定位尺寸为 50mm、35mm 的圆为已知线段；边长为 60mm、10mm，定位尺寸为 50mm 的矩形为已知线段，可以直接画出。

2. 中间线段

定形尺寸齐全，只有一个定位尺寸，需要根据与相邻线段的连接关系才能画出的线段称为中间线段。

如图 1-26 所示，半径为 $R40$mm，一个定位尺寸为 6mm 的圆弧为中间线段，它需要在画出 $\phi24$mm 的圆后，根据外切关系确定圆心位置后才能画出。

3. 连接线段

只有定形尺寸，没有定位尺寸的线段称为连接线段。画图时最后画连接线段。

如图 1-26 所示，$R15$mm 和 $R20$mm 两个圆弧只有定形尺寸，没有定位尺寸，画图时，应在相邻线段画出后，根据连接关系确定圆心位置后才能画出。

通过线段分析可知，画图时应先画已知线段，再画中间线段，最后画连接线段。

1.4.3 平面图形的绘图方法与步骤

以图 1-26 所示的图形为例，绘制平面图形的方法和步骤如下。

（1）画图准备

1）准备好绘图工具和仪器。

2）对图形进行尺寸分析和线段分析，明确绘图步骤。

3）确定绘图比例和图幅。

4）固定好图纸，画出图框和标题栏框。

（2）绘制底稿　绘制底稿时应用 H 或 2H 铅笔轻轻绘制，以便于修改和擦去作图辅助线。绘制底稿的步骤如下：

1）画作图基准线，如图 1-27a 所示。

2）画出已知线段，如图 1-27b 所示。

3）画出中间线段，如图 1-27c 所示。

4）画出连接线段，如图 1-27d 所示。

（3）检查整理图形，加深图线、标注尺寸并填写标题栏　底稿完成后，应检查、修改和整理图形，擦除作图辅助线，如图 1-28a 所示；然后用 HB 或 B 铅笔加深加粗图线、标注

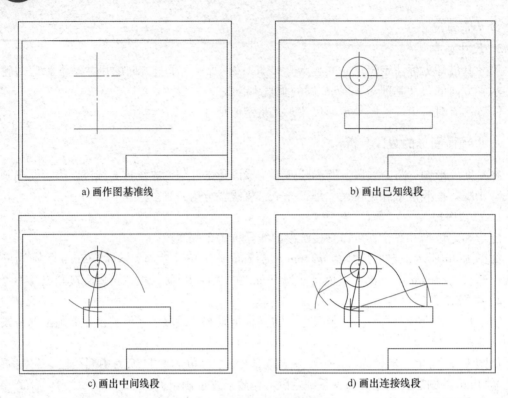

a) 画作图基准线   b) 画出已知线段

c) 画出中间线段   d) 画出连接线段

图 1-27　绘制底稿

尺寸并填写标题栏，如图 1-28b 所示。

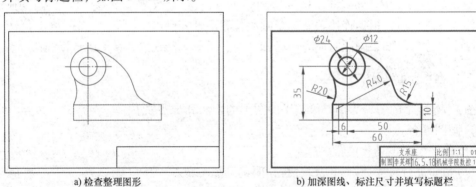

a) 检查整理图形   b) 加深图线、标注尺寸并填写标题栏

图 1-28　检查整理图形，加深图线、标注尺寸并填写标题栏

　　加深图线时，应按照先曲线，后直线；先水平线、垂直线，后倾斜线；先上后下；先左后右；所有图线同时加深的方法进行。同一种线型一次加深完成后，再加深另一种线型。

　　（4）全面检查，完成绘图　进一步全面检查图形，没有错误时即完成绘图。

1.4.4　常见平面图形的尺寸标注示例

　　平面图形的尺寸标注应符合国家标准的相关规定；尺寸标注应做到完整，不能有重复和遗漏；尺寸的位置排列应整齐、有序、清晰。常见平面图形的尺寸标注示例见表 1-7。

表1-7　常见平面图形的尺寸标注示例

图　例		说　明
正确	错误	
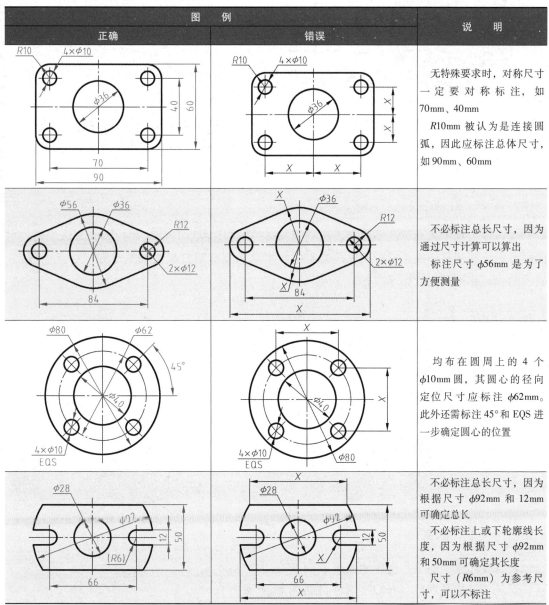		无特殊要求时，对称尺寸一定要对称标注，如70mm、40mm R10mm 被认为是连接圆弧，因此应标注总体尺寸，如90mm、60mm
		不必标注总长尺寸，因为通过尺寸计算可以算出 标注尺寸 φ56mm 是为了方便测量
		均布在圆周上的 4 个 φ10mm 圆，其圆心的径向定位尺寸应标注 φ62mm。此外还需标注 45° 和 EQS 进一步确定圆心的位置
		不必标注总长尺寸，因为根据尺寸 φ92mm 和 12mm 可确定总长 不必标注上或下轮廓线长度，因为根据尺寸 φ92mm 和 50mm 可确定其长度 尺寸（R6mm）为参考尺寸，可以不标注

注：尺寸数字标注为"X"的尺寸是不应标注的错误尺寸。

复习思考题

1-1　国家标准规定的常用图纸幅面有哪几种？各幅面大小有何规律？

1-2　2:1 和 1:2 哪个是放大比例？哪个是缩小比例？

1-3　字号和字高有何关系？

1-4　国家标准规定的常用线型中，线宽有哪几种？虚线、点画线是粗线还是细线？

1-5　标注尺寸时，所有尺寸数字的字头是应一律向上吗？在同一张图纸上，所有尺寸数字字号可以不一样吗？

1-6　标注尺寸画箭头时，是小尺寸箭头可以画小点，大尺寸箭头可以画大点吗？

第2章
CHAPTER 2

投影基础 ◀

在各种工程中，为了在平面上表达空间物体的结构形状，广泛应用投影的方法绘制技术图样，机械制图是应用正投影的原理绘制的。本章主要介绍投影法的基本知识、点的投影、直线的投影和平面的投影等内容。

【学习重点】

1. 建立投影法的概念，了解正投影法的形成、分类。
2. 掌握点、直线、平面的投影及投影规律。
3. 绘制点、直线和平面的投影图。

2.1 投影法的基础知识

2.1.1 投影法的概念

物体在光线照射下，会在地面或墙面上产生影子，这是一种投影现象，人们将这种自然现象进行科学抽象和总结归纳，建立了投影法。

如图 2-1 所示，将光源抽象成点 S，△ABC 视作物体，平面 P 视作地面或墙面，SAa、SBb 和 SCc 视作光线，△ABC 在平面 P 上产生的影子为 △abc。在投影法中，将点 S 称为投射中心，SAa、SBb 和 SCc 称为投射线，△abc 称为投影，平面 P 称为投影面。

这种通过投射线投射物体，在选定投影面上得到物体投影的方法，称为投影法。

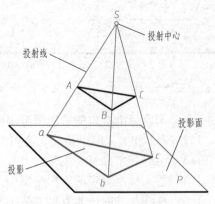

图 2-1　中心投影法

2.1.2 投影法的分类

1. 中心投影法

投射线汇交于一点的投影法称为中心投影法，如图2-1所示。

在中心投影法中，投影会随投射中心与物体间位置的改变而变化，不能反映物体的真实形状和大小。

2. 平行投影法

投射线相互平行的投影法称为平行投影法，如图2-2所示。

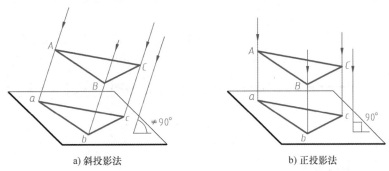

a) 斜投影法　　　　　　　　　　　b) 正投影法

图2-2　平行投影法

根据投射线与投影面所成的角度不同，平行投影法又分为斜投影法和正投影法两种。

1）斜投影法：投射线倾斜于投影面，如图2-2a所示。

2）正投影法：投射线垂直于投影面，如图2-2b所示。

用平行投影法得到的投影能反映物体的真实形状和大小。

工程图样主要采用正投影法绘制。本书后续内容中的图形一般均采用正投影法绘制，如不做特别说明，投影即指正投影。

2.1.3 工程中几种常用的投影图简介

1. 正投影图

用正投影法把物体分别向两个或两个以上相互垂直的投影面上投影，然后将所有投影面展平在同一平面上，用这种方法得到的一组投影，称为多面正投影图，如图2-3所示。

在采用正投影法作图时，常将几何形体的主要平面放成与相应的投影面平行，如此得到的投影图能够反映出这些平面的实形。正投影图度量性好，且作图简便，所以工程图样广泛采用正投影法绘制。但它的缺点是立体感不强，只有专门学习过才能完全看懂。

2. 轴测图

轴测图是采用平行投影法画出的单面投影图，如图2-4所示。它能在一个投影面上同时反映空间物体的长、宽、高三个方向的形状，因此具有较强的立体感。但因其作图复杂，且度量性较差，因而轴测图在工程上仅作为辅助图样。

3. 透视图

透视图是采用中心投影法画出的单面投影图，如图2-5所示。透视图非常接近于人们观察物体时的视觉映像，因此透视图立体感较强。但其作图复杂，度量性差，主要用于建筑图中表达建筑物外貌。

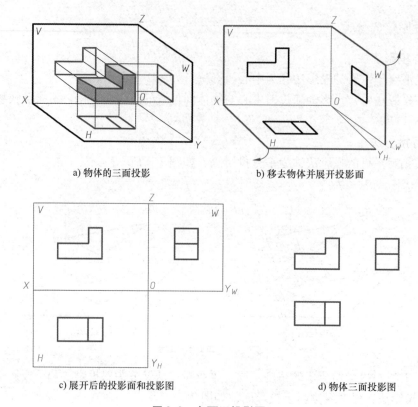

a) 物体的三面投影   b) 移去物体并展开投影面

c) 展开后的投影面和投影图   d) 物体三面投影图

图2-3　多面正投影图

4. 标高图

标高图是采用正投影法画出的单面投影图，如图2-6a所示。即用正投影法获得空间几何元素的投影之后，再用数字标出空间几何元素对投影面的距离，如图2-6b所示。图中一系列标有数字的曲线称为等高线。

标高图的画法简单，但立体感差，主要用于表示地形、土木建筑设计及军事地图等。

 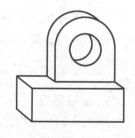

a) 正等测轴测图   b) 斜二测轴测图

图2-4　轴测图

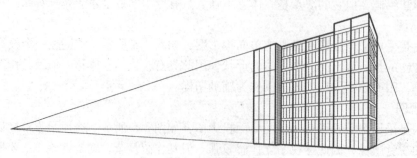

图2-5　透视图

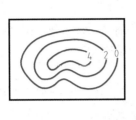 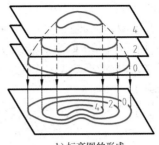

a) 标高图　　　　　　　　b) 标高图的形成

图 2-6　标高投影图

2.2　点的投影

任何形体都是由点、线、面等几何元素构成的，点是最基本的几何要素，研究点的投影是掌握其他几何要素和形体投影的基础。

2.2.1　点在三投影面体系中的投影

虽然点的两面投影已能确定该点的空间位置，但为了更清楚地表达某些几何体形状，经常需要采用三面投影图。

1. 三投影面体系的建立及相关术语

三投影面体系由空间三个互相垂直的投影面组成，这三个投影面将整个空间分为八个部分，称为八个分角，如图 2-7a 所示。我国国家标准规定采用第一角画法，第一角画法的三个投影面如图 2-7b 所示。

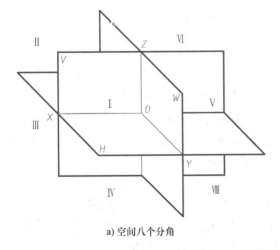 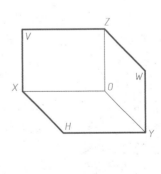

a) 空间八个分角　　　　　　　　b) 第一分角的三个投影面

图 2-7　三投影面体系

在三投影面体系中，有三个投影面、三个投影轴和一个投影原点，如图 2-7b 所示。

正面直立的投影面称为正立投影面，简称正面或 V 面；水平位置的投影面称为水平投影面，简称水平面或 H 面；侧面直立的投影面称为侧立投影面，简称侧面或 W 面。V 面和 H 面的交线称为 OX 轴，H 面和 W 面的交线称为 OY 轴，V 面和 W 面的交线称为 OZ 轴。三个投影轴 OX、OY、OZ 轴的交点 O 称为投影原点，简称原点。

2. 点的三面投影

如图 2-8a 所示，将空间点 A 置于三投影面体系中，过点 A 分别向 V 面、H 面和 W 面作垂线（投射线）Aa'、Aa、Aa''，垂足 a'、a、a'' 即为空间点 A 在投影面上的投影。其中，a' 称为点 A 的正面投影，a 称为点 A 的水平投影，a'' 称为点 A 的侧面投影。

注意：在投影图中，空间点一律用大写字母表示，投影一律用相应的小写字母表示。

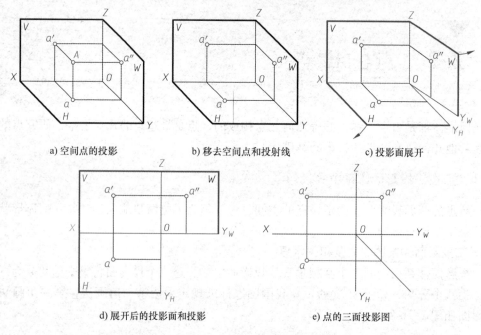

a) 空间点的投影　　　　b) 移去空间点和投射线　　　　c) 投影面展开

d) 展开后的投影面和投影　　　　e) 点的三面投影图

图 2-8　点的三面投影

为了将点的投影图绘制在平面图纸上，需要将空间点和投射线移去，如图 2-8b 所示。将投影面旋转展开，如图 2-8c 所示，V 面固定不动，H 面向下旋转 90°与 V 面重合，W 面向后旋转 90°与 V 面重合。在投影面旋转的过程中，OY 轴作为 V 面和 W 面的交线被分解在两处，随 H 面旋转的部分用 OY_H 表示，随 W 面旋转的部分用 OY_W 表示。展开后的投影面和投影如图 2-8d 所示。为了作图简便，不画投影面边界，自原点 O 画一条 45°线，将水平投影和侧面投影连接起来，点 A 的三面投影图如图 2-8e 所示。

3. 点的投影规律

（1）点的三面投影与直角坐标的关系　如图 2-9 所示，三投影面体系可以看作为空间直角坐标系，那么投影面即为坐标面，投影轴即为坐标轴，投影原点即为坐标原点，空间点在三投影面体系中的位置和投影的位置就可以用直角坐标来表示。

空间点 A (x, y, z) 的直角坐标与其三个投影的关系如下：

1）水平投影 a 由 x、y 坐标确定，即 a (x, y)。

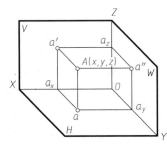

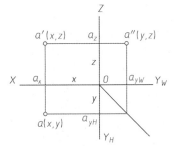

a) 空间点的直角坐标　　　　　　　b) 点的三面投影与直角坐标

图 2-9　点的三面投影与直角坐标的关系

2）正面投影 a' 由 x、z 坐标确定，即 a'（x，z）。

3）侧面投影 a'' 由 y、z 坐标确定，即 a''（y，z）。

空间点 A（x，y，z）的直角坐标与其到投影面距离的关系如下：

1）x 坐标 = 点 A 到 W 面的距离 $Aa'' = a'a_z = aa_{yH}$。

2）y 坐标 = 点 A 到 V 面的距离 $Aa' = a''a_z = aa_x$。

3）z 坐标 = 点 A 到 H 面的距离 $Aa = a'a_x = a''a_{yW}$。

（2）点的三面投影规律　如图 2-9b 所示，点的三面投影规律如下：

1）点的正面投影和水平投影的连线垂直于 OX 轴，即 $a'a \perp OX$。

2）点的正面投影和侧面投影的连线垂直于 OZ 轴，即 $a'a'' \perp OZ$。

3）点的水平投影到 OX 轴的距离等于点的侧面投影到 OZ 轴的距离，即 $aa_x = a''a_z = y$。

综上所述，若已知点的任何两个投影，等于已知点的三个坐标，即可求出它的第三个投影。

例 2-1　如图 2-10a 所示，已知点 A 的正面投影 a'、水平投影 a，求其侧面投影 a''。

作图方法和步骤如下：

1）过原点 O 作 45°线，如图 2-10b 所示。

2）过 a' 向 OZ 轴作垂线，如图 2-10c 所示。

3）过 a 向 OY_H 轴作垂线与 45°线相交，如图 2-10d 所示。

4）过与 45°线的交点向 OY_W 轴作垂线，与过 a' 向 OZ 轴作的垂线相交，交点即为点 A 的侧面投影 a''，如图 2-10e 所示。

例 2-2　作点 A（25，10，20）的三面投影图。

作图方法和步骤如下：

1）过原点 O 沿 OX 轴量取 x 坐标 25，如图 2-11a 所示。

2）过量取点作 OX 轴垂线；向下沿 OY_H 轴方向量取 y 坐标 10，作出 A 点的水平投影 a；向上沿 OZ 轴方向量取 z 坐标 20，作出 A 点的正面投影 a'，如图 2-11b 所示。

3）根据水平投影 a 和正面投影 a'，作出侧面投影 a''，如图 2-11c 所示。

2.2.2　各种位置点的投影

点在三投影面体系中的位置可以分为四种：一般位置点、投影面上的点、投影轴上的点以及与原点重合的点。

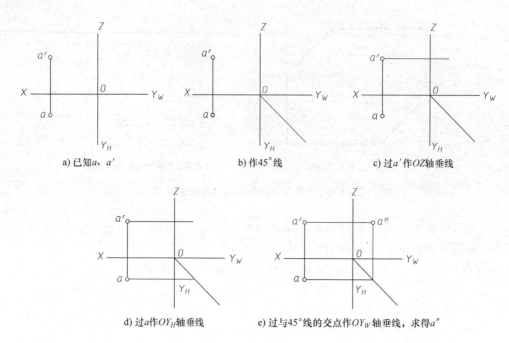

a) 已知a、a'　　　　　　　b) 作45°线　　　　　　c) 过a'作OZ轴垂线

d) 过a作OY_H轴垂线　　　　e) 过与45°线的交点作OY_W轴垂线，求得a″

图2-10　根据点的两面投影求第三面投影

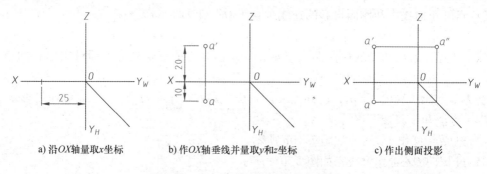

a) 沿OX轴量取x坐标　　　b) 作OX轴垂线并量取y和z坐标　　　c) 作出侧面投影

图2-11　已知点的坐标作点的投影图

1. 一般位置点

一般位置点的三个坐标均不为零，其三个投影均位于不与原点和投影轴重合的投影面上。

如图2-12所示，点A为一般位置点，其三个投影a、a'、a″均在投影面上。

2. 投影面上的点

投影面上的点的三个坐标中一定有一个坐标为零。x坐标为零，点在W面上；y坐标为零，点在V面上；z坐标为零，点在H面上。

投影面上的点的三个投影中，只有一个投影在投影面上且与空间点重合，另两个投影均在投影轴上。如图2-12所示，点B为H面上的点，其水平投影b在H面上，与自身重合；正面投影b'在OX轴上；侧面投影b″在OY轴上。要特别注意的是，在点的投影图中，点B的侧面投影b″应画在OY_W轴上。

注意：在点的投影图中，如果点的侧面投影在 OY 轴上，一定要画在 OY_W 轴上；如果点的水平投影在 OY 轴上，一定要画在 OY_H 轴上。

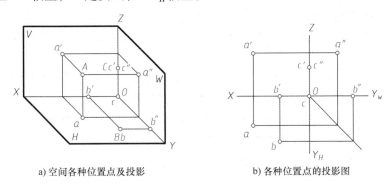

a) 空间各种位置点及投影　　　　b) 各种位置点的投影图

图 2-12　各种位置点的投影

3. 投影轴上的点

投影轴上的点的三个坐标中一定有两个坐标为零，空间点一定位于不为零坐标所在的投影轴上。

投影轴上的点的三个投影中，有两个投影重合，空间点也重合在此，另一个投影与原点重合。如图 2-12 所示，点 C 为 OZ 轴上的点，其正面投影 c' 和侧面投影 c'' 均在 OZ 轴上并与自身重合；水平投影 c 与原点重合。

4. 与原点重合的点

与原点重合的点即点的三个投影都和原点重合。

2.2.3　点的相对位置

1. 两点的相对位置

两点的相对位置是指空间两点之间的上下、左右、前后位置关系。根据两点的坐标，即可判断空间两点间的相对位置：x 坐标值大的在左，小的在右；y 坐标值大的在前，小的在后；z 坐标值大的在上，小的在下。

如图 2-13 所示，$x_a > x_b$，表示点 A 在点 B 的左方；$y_a > y_b$，表示点 A 在点 B 的前方；$z_b > z_a$，表示点 A 在点 B 的下方。

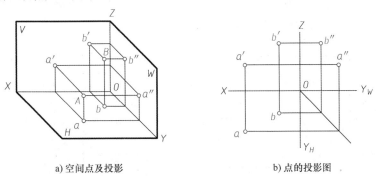

a) 空间点及投影　　　　　b) 点的投影图

图 2-13　空间两点的相对位置

例2-3 如图2-14a所示，已知点 A 的三面投影，又知点 B 在点 A 的左方15，下方10，前方10，试作出点 B 的三面投影。

作图方法和步骤如下：

1）根据点 B 在点 A 的左方15，在 a'a 的左方距离15作 a'a 的平行线，如图2-14b 所示。

2）根据点 B 在点 A 的下方10，可在 a'a" 的下方距离10作 a'a" 的平行线，与前面所作平行线相交，交点即为点 B 的正面投影 b'，如图2-14c 所示。

3）根据点 B 在点 A 的前方10，可在 a 的前方距离10作 OX 轴的平行线，与过 b' 的投影连线相交，交点即为点 B 的水平投影 b，如图2-14d 所示。

4）根据 b、b' 作出侧面投影 b"，如图2-14e 所示。

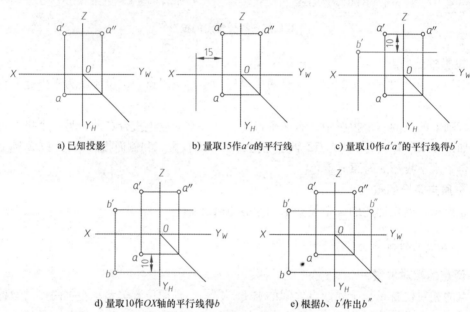

a) 已知投影   b) 量取15作a'a的平行线   c) 量取10作a'a"的平行线得b'

d) 量取10作OX轴的平行线得b   e) 根据b、b'作出b"

图 2-14 根据点的相对位置作点的投影

2. 重影点

当空间两点位于某一投影面的同一投射线上时，此两点在该投影面上的投影重合为一点，空间中这两个点称为对该投影面的重影点。两个点如果重影，必有两个坐标值相同，如图2-15 所示，点 A、B 的 x 和 y 坐标相同，其水平投影重影。

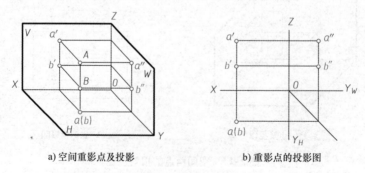

a) 空间重影点及投影   b) 重影点的投影图

图 2-15 重影点的投影

如果空间两点为重影点，在重影的投射方向上会有一个点遮挡住另一个点，进而产生可见性问题。两个重影点中远离投影面的一点是可见的。如图 2-15 所示，A、B 两点的水平投影重影，点 A 比点 B 高，距离 H 面比 B 点远，故点 B 被点 A 遮挡，因此 b 不可见，将不可见的投影加括号表示，以示区别。

2.3 直线的投影

2.3.1 直线的三面投影

直线的三面投影一般仍是直线。直线的三面投影可由直线上两点的投影来确定。如图 2-16 所示，作直线段 AB 的三面投影，可分别作出两端点 A 和点 B 的三面投影，然后将同面投影相连，即可得到直线段 AB 的三面投影。

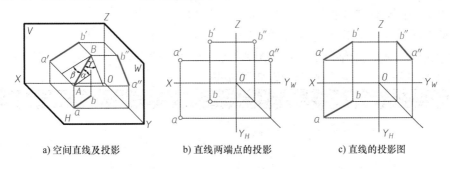

a) 空间直线及投影   b) 直线两端点的投影   c) 直线的投影图

图 2-16　直线的投影

2.3.2 直线相对于一个投影面的位置和投影特性

直线相对于一个投影面的位置有平行、垂直和倾斜三种。

1) 如图 2-17a 所示，直线平行于投影面，投影反映其实长，即 $ab = AB$，称为真实性。

2) 如图 2-17b 所示，直线垂直于投影面，投影积聚为一点，称为积聚性。

3) 如图 2-17c 所示，直线倾斜于投影面，投影小于其实长，即 $ab = AB\cos\alpha$，称为类似性。

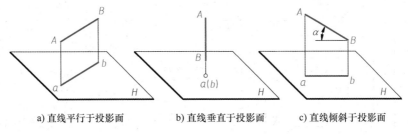

a) 直线平行于投影面   b) 直线垂直于投影面   c) 直线倾斜于投影面

图 2-17　直线相对于一个投影面的投影特性

2.3.3 直线在三投影面体系中的位置及投影特性

根据直线在三投影面体系中的位置，可将直线分为一般位置直线和特殊位置直线。特殊位置直线又可分为两种：投影面平行线和投影面垂直线。

1. 一般位置直线

如图 2-16a 所示，与三个投影面都倾斜的直线，称为一般位置直线。直线与 H 面的夹角用 α 表示，直线与 V 面的夹角用 β 表示，直线与 W 面的夹角用 γ 表示。

如图 2-16c 所示，一般位置直线的投影特性如下：

1）三个投影 ab、$a'b'$、$a''b''$ 均与投影轴倾斜，且小于空间直线的实长。

2）三个投影与投影轴的夹角均不反映该直线对投影面的倾角。

2. 投影面平行线

平行于一个投影面，而与另外两个投影面倾斜的直线，称为投影面平行线。根据所平行的投影面不同，投影面的平行线分为以下三种：

1）正平线：平行于 V 面，与 H 面、W 面倾斜的直线。

2）水平线：平行于 H 面，与 V 面、W 面倾斜的直线。

3）侧平线：平行于 W 面，与 H 面、V 面倾斜的直线。

三种投影面平行线的轴测图、投影图和投影特性见表 2-1。

表 2-1 三种投影面平行线的轴测图、投影图和投影特性

直线名称	轴测图	投影图	投影特性
正平线 （// V 面）	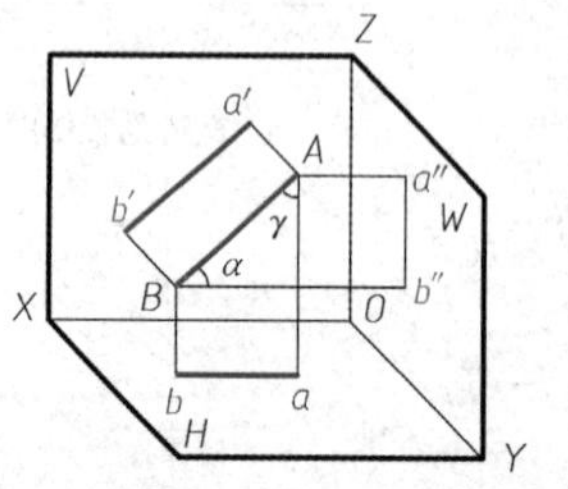	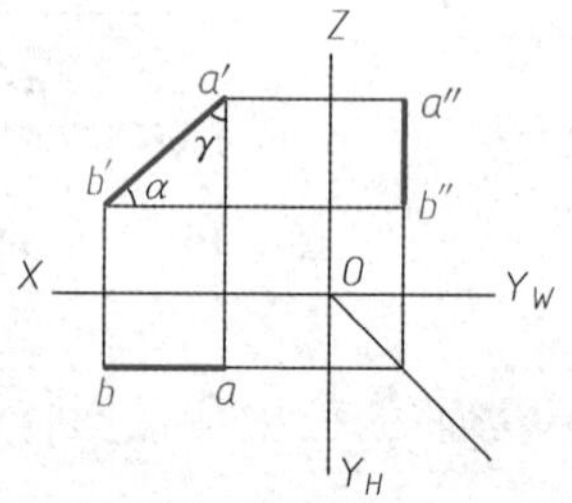	1）ab // OX 　$a''b''$ // OZ 2）$a'b' = AB$ 3）正面投影与投影轴的夹角反映 α、γ 角，$\beta = 0°$
水平线 （// H 面）	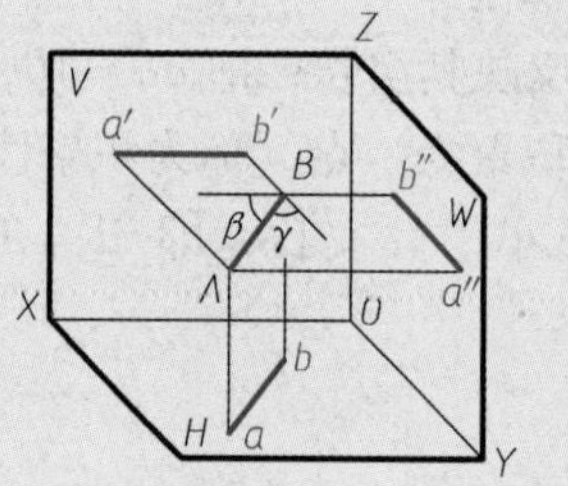	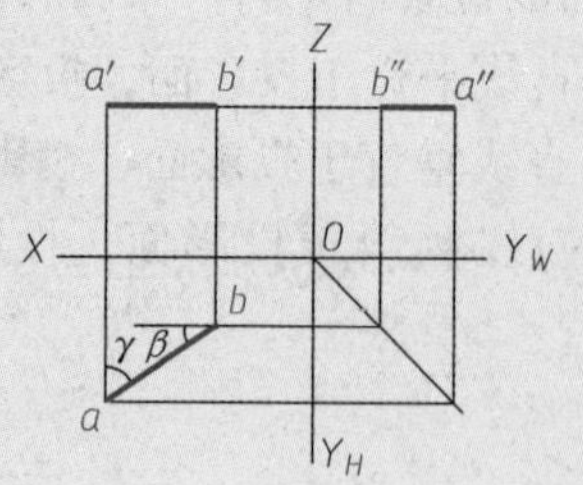	1）$a'b'$ // OX 　$a''b''$ // OY_W 2）$ab = AB$ 3）水平投影与投影轴的夹角反映 β、γ 角，$\alpha = 0°$
侧平线 （// W 面）	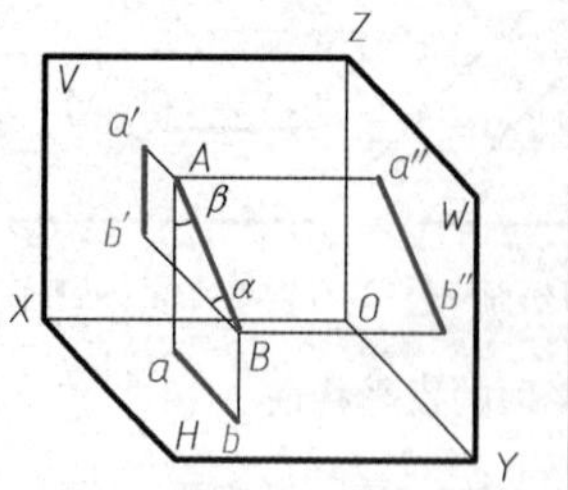	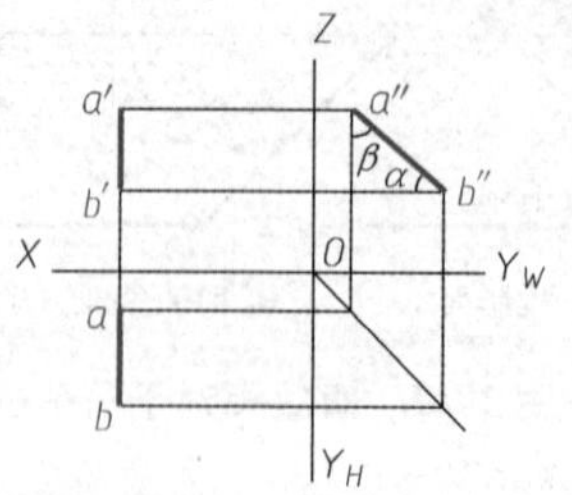	1）ab // OY_H 　$a'b'$ // OZ 2）$a''b'' = AB$ 3）侧面投影与投影轴的夹角反映 α、β 角，$\gamma = 0°$

投影面平行线的投影特性：空间直线在所平行的投影面上的投影，反映直线的实长和直线对另外两个投影面的夹角；直线的另外两个投影分别平行于相应的投影轴，并且小于实长，直线与所平行的投影面的夹角为0°。

从投影图上判断直线的空间位置时，若三个投影中有两个垂直于投影轴，另一投影倾斜于投影轴，则它一定是倾斜投影所在投影面的平行线。

3. 投影面垂直线

垂直于一个投影面的直线，称为投影面垂直线。根据所垂直的投影面不同，投影面的垂直线分为以下三种：

1）铅垂线：垂直于 H 面的直线。

2）正垂线：垂直于 V 面的直线。

3）侧垂线：垂直于 W 面的直线。

三种投影面垂直线的轴测图、投影图和投影特性见表2-2。

表2-2　三种投影面垂直线的轴测图、投影图和投影特性

直线名称	轴测图	投影图	投影特性
正垂线 （⊥V面）			1）$a'b'$积聚为一点 2）$ab \perp OX$ 　$a''b'' \perp OZ$ 3）$ab = a''b'' = AB$ 4）$\alpha = \gamma = 0°$ 　$\beta = 90°$
铅垂线 （⊥H面）			1）ab积聚为一点 2）$a'b' \perp OX$ 　$a''b'' \perp OY_W$ 3）$a'b' = a''b'' = AB$ 4）$\beta = \gamma = 0°$ 　$\alpha = 90°$
侧垂线 （⊥W面）			1）$a''b''$积聚为一点 2）$ab \perp OY_H$ 　$a'b' \perp OZ$ 3）$ab = a'b' = AB$ 4）$\alpha = \beta = 0°$ 　$\gamma = 90°$

投影面垂直线的投影特性：空间直线在所垂直的投影面上的投影积聚成一点，另外两投影反映直线的实长，并且分别垂直于相应的投影轴。

从投影图上判断直线的空间位置时，若三个投影中有一个投影积聚成一点，则它一定是

该投影面的垂直线。

2.3.4　直线上的点

直线上点的投影特性如下：

1）若点在直线上，则该点的各个投影必在该直线的同面投影上，如图 2-18 所示；反之，如果点的各个投影都在直线的同面投影上，且符合点的投影规律，则该点一定在直线上。

2）如图 2-18 所示，若线段 AB 上有一个点 K，则线段及其投影之间有下列定比关系：

$$AK:KB = ak:kb = a'k':k'b' = a''k'':k''b''$$

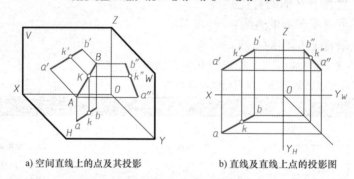

a) 空间直线上的点及其投影　　　　b) 直线及直线上点的投影图

图 2-18　直线上点的投影

例 2-4　如图 2-19a 所示，已知侧平线 AB 的正面投影 $a'b'$ 和水平投影 ab，k' 是 AB 上点 K 的正面投影，求作点 K 的水平投影 k。

作图方法和步骤如下：

1）过水平投影 a 作任意方向辅助线，如图 2-19b 所示。

2）在辅助线上量取 $ak_1 = a'k'$，量取 $k_1b_1 = k'b'$，如图 2-19c 所示。

3）连接 b_1b，过 k_1 作 $k_1k /\!/ b_1b$，k 即为水平投影，如图 2-19d 所示，即可得到水平投影 k。

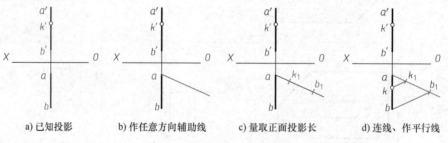

a) 已知投影　　b) 作任意方向辅助线　　c) 量取正面投影长　　d) 连线、作平行线

图 2-19　求直线上点的投影

2.3.5　两直线的相对位置

两直线的相对位置可以分为三种情况：平行、相交和交叉。平行或相交的两直线属于共面直线，交叉的两直线属于异面直线。

1. 两直线平行

如果空间两直线互相平行，则两直线的各面投影必互相平行；反之，若两直线的各面投影均互相平行，则两直线在空间一定互相平行。

如图 2-20 所示，若直线 $AB /\!/ CD$，则 $ab /\!/ cd$、$a'b' /\!/ c'd'$。

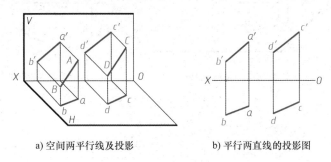

a) 空间两平行线及投影   b) 平行两直线的投影图

图 2-20　平行两直线的投影

例 2-5　如图 2-21a 所示，试判断直线 CD 与 EF 是否平行。

根据 CD 与 EF 的两面投影可知两直线为侧平线。对于侧平线，不能仅根据正面和水平投影平行就判断两直线平行，还应确定它们的侧面投影是否平行，才能判断两直线是否平行。如图 2-21b 所示，两直线 CD 和 EF 的侧面投影 $c''d''$ 与 $e''f''$ 相交，因此直线 CD 和 EF 不平行。

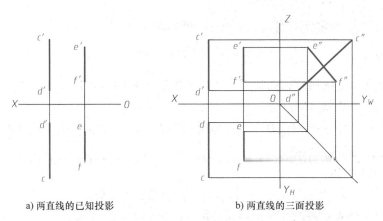

a) 两直线的已知投影   b) 两直线的三面投影

图 2-21　判断两直线是否平行

2. 两直线相交

若空间两直线相交，则它们在各投影面上的投影也必然相交，且其交点符合点的投影规律；反之，若两直线在各投影面的投影都相交，且交点符合点的投影规律，则该两直线在空间必相交。

如图 2-22 所示，一般位置直线 AB、CD 相交于点 K，两直线投影 ab 与 cd、$a'b'$ 与 $c'd'$ 相交，交点 k 与 k' 的连线一定与 OX 轴垂直，且符合点的投影规律。

如图 2-23a 所示，若两面投影图中存在侧平线，通常需要画出侧面投影才能判断两直线是否相交，如图 2-23b 所示，两直线 AB 和 CD 不相交。

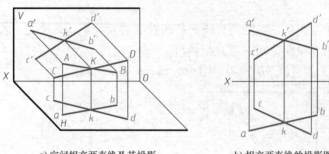

a) 空间相交两直线及其投影   b) 相交两直线的投影图

图 2-22 两直线相交

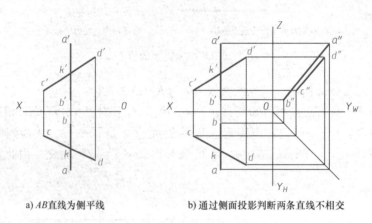

a) AB直线为侧平线   b) 通过侧面投影判断两条直线不相交

图 2-23 两直线不相交

例 2-6 如图 2-24a 所示，已知直线 AB、CD 和点 M 的两面投影，试过 M 点作直线 MN 与直线 CD 平行、与直线 AB 相交。

分析：若直线 MN 与直线 CD 平行，则 mn∥cd、m'n'∥c'd'。若直线 MN 与直线 AB 相交，则交点符合点的投影规律。

作图方法和步骤如下：

1）过水平投影 m 作 mn∥cd，与 ab 交于 n，如图 2-24b 所示。

2）根据 N 点的水平投影 n 作出正面投影 n'，如图 2-24c 所示。

3）连接 m'n'，如图 2-24d 所示。mn 和 m'n'即为所求。

3. 两直线交叉

既不平行又不相交的两直线称为交叉直线，如图 2-21b 和图 2-23b 所示。因为交叉两直线没有交点，所以在投影图中虽然同面投影可能相交，但交点投影的连线不垂直于投影轴，即交点不是空间一个点的投影，而是两直线上两个重影点的投影。

如图 2-25 所示，两交叉直线 AB 和 CD 正面投影的交点 1'(2')实际上是空间两交叉直线上对应的重影点 Ⅰ、Ⅱ 的投影，其中点 Ⅰ 可见且在直线 CD 上，点 Ⅱ 不可见且在直线 AB 上。同理，两交叉直线 AB 和 CD 水平投影的交点 3(4) 是空间两交叉直线上对应的重影点 Ⅲ、Ⅳ 的投影，其中点 Ⅲ 可见且在直线 AB 上，点 Ⅳ 不可见且在直线 CD 上。

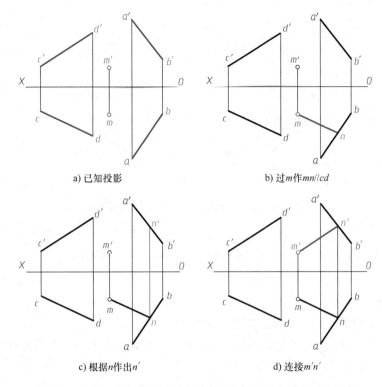

a) 已知投影　　　　　　　　　　　b) 过m作mn//cd

c) 根据n作出n′　　　　　　　　　d) 连接m′n′

图 2-24　过 M 点作直线 MN 与直线 CD 平行、与直线 AB 相交

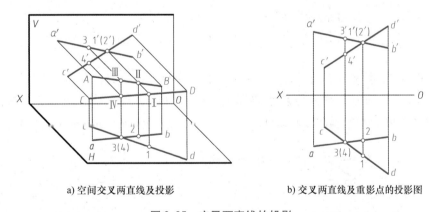

a) 空间交叉两直线及投影　　　　　b) 交叉两直线及重影点的投影图

图 2-25　交叉两直线的投影

2.4　平面的投影

2.4.1　平面投影的几何元素表示法

如图 2-26 所示，在投影图上可以用下列任一组几何元素的投影来表示一个平面。

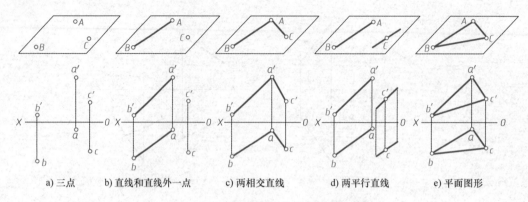

a) 三点   b) 直线和直线外一点   c) 两相交直线   d) 两平行直线   e) 平面图形

图 2-26 平面投影的几何元素表示法

1）不在同一直线上的三点。

2）直线和直线外一点。

3）相交的两直线。

4）平行的两直线。

5）任意平面图形（如三角形、四边形和圆等）。

由此可以看出，不在同一直线上的三点是平面的最基本表示法，平面的各种表示法之间是可以相互转换的。实际作图中，通常以平面图形表示平面。

2.4.2 平面相对于一个投影面的位置和投影特性

平面相对于一个投影面的位置有平行、垂直和倾斜三种。

1）如图 2-27a 所示，平面平行于投影面，投影反映其实形，即 $\triangle cde \cong \triangle CDE$，称为真实性。

2）如图 2-27b 所示，平面垂直于投影面，投影积聚为一直线，称为积聚性。

3）如图 2-27c 所示，平面倾斜于投影面，投影为类似形，即 $\triangle cde < \triangle CDE$，称为类似性。

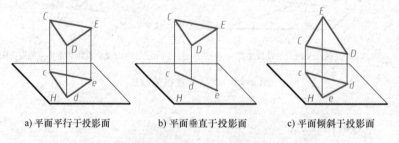

a) 平面平行于投影面   b) 平面垂直于投影面   c) 平面倾斜于投影面

图 2-27 平面相对于一个投影面的投影特性

2.4.3 各种位置平面的投影特性

根据平面在三投影面体系中的位置，可将平面分为一般位置平面和特殊位置平面。特殊位置平面又分为投影面平行面和投影面垂直面。

1. 一般位置平面

与三个投影面都倾斜的平面称为一般位置平面，如图 2-28 所示。规定平面与 H、V、W 三个投影面的倾角分别用 α、β、γ 表示。

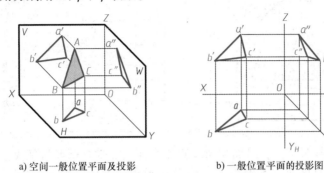

a) 空间一般位置平面及投影   b) 一般位置平面的投影图

图 2-28　一般位置平面的投影

一般位置平面的投影特性：平面的三个投影均为类似形，不反映空间平面的实形和对投影面的倾角。

2. 投影面垂直面

与一个投影面垂直，与另两个投影面均倾斜的平面称为投影面垂直面。根据所垂直的投影面不同，投影面垂直面分为以下三种：

1）铅垂面：垂直于 H 面，与 V 面、W 面倾斜的平面。
2）正垂面：垂直于 V 面，与 H 面、W 面倾斜的平面。
3）侧垂面：垂直于 W 面，与 H 面、V 面倾斜的平面。

三种投影面垂直面的轴测图、投影图和投影特性见表 2-3。

表 2-3　三种投影面垂直面的轴测图、投影图和投影特性

平面名称	轴 测 图	投 影 图	投 影 特 性
正垂面 （⊥V面）			1）正面投影积聚为直线 2）正面投影与投影轴的夹角反映 α、γ 角 3）水平、侧面投影均为类似形
铅垂面 （⊥H面）			1）水平投影积聚为直线 2）水平投影与投影轴的夹角反映 β、γ 角 3）正面、侧面投影均为类似形

（续）

平面名称	轴 测 图	投 影 图	投 影 特 性
侧垂面 （⊥W面）	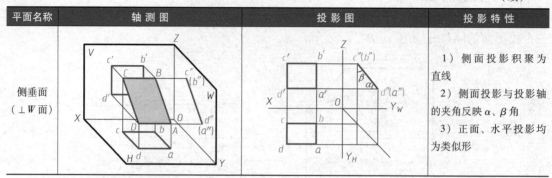		1）侧面投影积聚为直线 2）侧面投影与投影轴的夹角反映 α、β 角 3）正面、水平投影均为类似形

投影面垂直面的投影特性：平面在所垂直投影面上的投影积聚为直线，该直线与投影轴的夹角反映该平面对另外两个投影面倾角的真实大小；在另外两个投影面上的投影均为类似形。

从投影图上判断平面的空间位置时，如果平面的三个投影中，有一个投影是一倾斜直线，则它一定是该投影面的垂直面。

3. 投影面平行面

与一个投影面平行的平面称为投影面平行面。根据所平行的投影面不同，投影面平行面分为以下三种：

1）水平面：平行于 H 面的平面。

2）正平面：平行于 V 面的平面。

3）侧平面：平行于 W 面的平面。

三种投影面平行面的轴测图、投影图和投影特性见表 2-4。

表 2-4　三种投影面平行面的轴测图、投影图和投影特性

平面名称	轴 测 图	投 影 图	投 影 特 性
正平面 （//V面）			1）正面投影反映实形 2）水平投影积聚为直线且平行于 OX 轴 3）侧面投影积聚为直线且平行于 OZ 轴
水平面 （//H面）			1）水平投影反映实形 2）正面投影积聚为直线且平行于 OX 轴 3）侧面投影积聚为直线且平行于 OY_W 轴

（续）

平面名称	轴 测 图	投 影 图	投 影 特 性
侧平面 （∥W面）	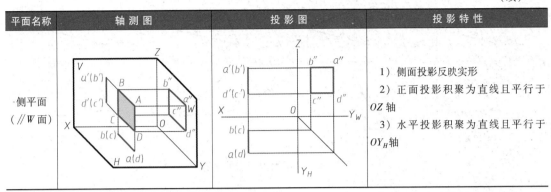		1）侧面投影反映实形 2）正面投影积聚为直线且平行于 OZ 轴 3）水平投影积聚为直线且平行于 OY_H 轴

投影面平行面的投影特性：投影面平行面在它所平行的投影面上的投影反映空间平面图形的实形；另外两个投影均积聚为直线，且平行于相应的投影轴。

从投影图上判断平面的空间位置时，如果平面的三个投影中有两个投影积聚为直线，另一个投影为平面图形，则该平面一定是平面图形所在投影面的平行面。

2.4.4 平面内的点和直线

1. 平面内的点

点在平面内的几何条件：若点在平面内的任一直线上，则此点必在该平面内。因此，若在平面上取点，应借助平面内的已知直线。

如图2-29所示，两相交直线 AB、BC 可以表示平面 P，点 K 在直线 BC 上，则点 K 必在 P 平面上。

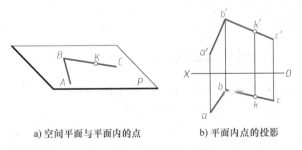

a) 空间平面与平面内的点　　　b) 平面内点的投影

图2-29　平面内的点

例2-7　如图2-30a所示，已知△ABC平面内点 K 的正面投影 k'，求其水平投影 k。

根据点在平面内的几何条件，可知点 K 在△ABC平面内，则点 K 必在平面内的一条直线上。作图步骤如下：

1）在正面投影中过 $b'k'$ 作直线交 $a'c'$ 于 d'，则 $b'd'$ 是△ABC平面内直线 BD 的正面投影，如图2-30b所示。

2）在 ac 上作出 D 点的水平投影 d，则 bd 是△ABC平面内直线 BD 的水平投影，如图2-30c所示。

3）过 k' 作垂直于 OX 轴的投影连线，在水平投影 bd 上作出 k，则 k 即为△ABC平面内点 K 的水平投影，如图2-30d所示。

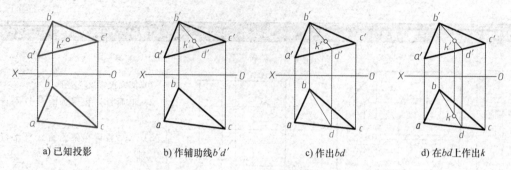

a) 已知投影   b) 作辅助线b'd'   c) 作出bd   d) 在bd上作出k

图2-30 作平面内的点的投影

例2-8 如图2-31a所示，判断点 K 是否在△ABC 平面内。

根据点在平面内的几何条件，判断点 K 是否在平面内，需要判断点 K 是否在平面内的一条直线上。作图步骤如下：

1）在正面投影中连接 a'k' 与 b'c' 交于 d'，则 BD 是△ABC 平面内的一条直线，如图2-31b所示。

2）作出点 D 的水平投影 d，如图2-31c 所示。

3）连接 a、d 并延长，如图2-31d 所示。

因为点 K 的水平投影 k 不在直线 AD 的水平投影 ad 上，所以点 K 不在△ABC 平面内。

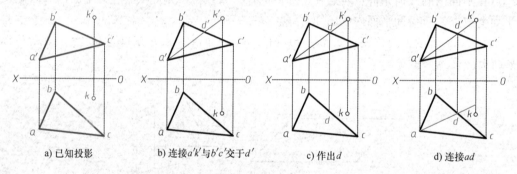

a) 已知投影   b) 连接a'k'与b'c'交于d'   c) 作出d   d) 连接ad

图2-31 判断点是否属于平面

2. 平面内的直线

直线在平面内的几何条件如下：

1）一直线若通过平面上的两点，则此直线必在该平面内。

2）一直线若通过平面上的一点，且平行该平面上的一直线，则此直线必在该平面内。

如图2-32所示，两条相交直线 AB 和 AC 可以确定和表示一个平面 P，在直线 AB 上取一点 M，在直线 AC 上取一点 N，则过 M、N 两点的直线一定在平面 P 内。过点 C 作直线 CD 平行于 AB，则 CD 一定在平面 P 内。

在平面内取点时，要利用平面内的直线；在平面内取直线时，又要利用平面内的点，点和直线之间是相互关联的。

如果判断一条直线是否在平面内，则可以通过判断直线上是否有两个点在平面内来确定。

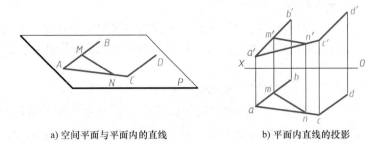

a) 空间平面与平面内的直线　　　b) 平面内直线的投影

图 2-32　平面内的直线

例 2-9　如图 2-33a 所示，已知平面四边形 *ABDC* 的水平投影 *abdc* 和部分正面投影 *a'b' c'*，试补全其正面投影。

分析：根据已知条件可知，只要作出 *D* 的正面投影，即可作出四边形 *ABDC* 的正面投影。由于 *A*、*B*、*C* 三点的两面投影均已知，可以认为，点 *D* 是 △*ABC* 内的一点，用平面内取线、取点的方法即可作出点 *D* 的正面投影。

作图方法和步骤如下：

1）连接 *b*、*c* 和 *b'*、*c'*，如图 2-33b 所示。

2）连接 *a*、*d* 与 *bc* 交于 *k*，*AK* 是 △*ABC* 内的一条直线，*D* 是 *AK* 上的一点，如图 2-33c 所示。

3）在 *b'c'* 上作出点 *K* 的正面投影 *k'*，如图 2-33d 所示。

4）连接 *a'*、*k'* 并延长，在 *a'k'* 上作出 *d'*，如图 2-33e 所示。

5）连接 *b'*、*d'* 和 *c'*、*d'*，即作出四边形 *ABDC* 的正面投影，如图 2-33f 所示。

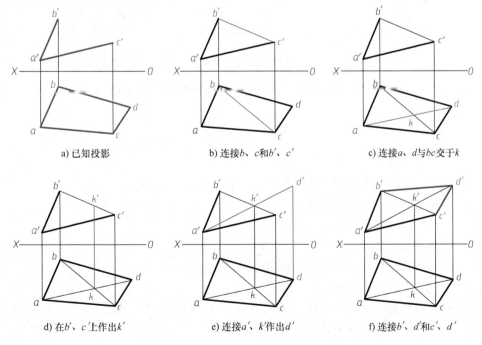

a) 已知投影　　　　　b) 连接 *b*、*c* 和 *b'*、*c'*　　　　　c) 连接 *a*、*d* 与 *bc* 交于 *k*

d) 在 *b'*、*c'* 上作出 *k'*　　　　　e) 连接 *a'*、*k'* 作出 *d'*　　　　　f) 连接 *b'*、*d'* 和 *c'*、*d'*

图 2-33　补全平面图形 *ABDC* 的正面投影

3. 平面内的投影面平行线

既在某一平面内又与投影面平行的直线称为平面内的投影面平行线。平面内的投影面平行线既具有投影面平行线的投影特性，同时又具有平面内直线的投影特性，常被用作作图时的辅助线。

平面内的投影面平行线有三种：平面内的水平线、正平线和侧平线。

例 2-10　如图 2-34a 所示，在△ABC 平面内分别作一条水平线和一条正平线。

分析：平面内有无数条水平线与正平线，过△ABC 的顶点作平行线最简单容易。

如图 2-34b 所示，水平线的作图步骤如下：

1) 过点 C 的正面投影 c'作 OX 轴的平行线与 a'b'交于 d'，c'd'即为平面内水平线 CD 的正面投影。

2) 过 d'作 OX 轴的垂线，交 ab 于 d，连接 c、d，cd 即为平面内水平线 CD 的水平投影。

如图 2-34c 所示，正平线的作图步骤如下：

1) 过点 A 的水平投影 a 作 OX 轴的平行线与 bc 交于 e，ae 即为平面内正平线 AE 的水平投影。

2) 过 e 作 OX 轴的垂线，交 b'c'于 e'，连接 a'、e'，a'e'即为平面内正平线 AE 的正面投影。

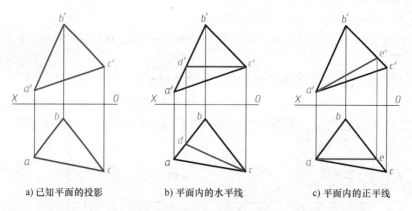

a) 已知平面的投影　　　b) 平面内的水平线　　　c) 平面内的正平线

图 2-34　作平面内的水平线与正平线

复习思考题

2-1　什么是投影法？

2-2　中心投影法和平行投影法有何不同？

2-3　机械图样采用哪种投影法？

2-4　空间点及其三个投影如何表示？

2-5　点的投影规律是什么？

2-6　点到投影面的距离与点的坐标有怎样的关系？

2-7　如何判断两点的相对位置？

2-8　什么是重影点？两个重影点的三个坐标有怎样的关系？

2-9　直线相对于投影面的位置有哪几种？

2-10　投影面垂直线的投影有何特点？

2-11 投影面平行线的投影有何特点？

2-12 两直线的相对位置有哪几种？

2-13 两相交直线的投影有何特点？

2-14 两平行直线的投影有何特点？

2-15 平面相对于投影面的位置有哪几种？

2-16 投影面平行面的投影有何特点？

2-17 投影面垂直面的投影有何特点？

2-18 一般位置平面的投影有何特点？

2-19 试述在平面内取点的方法。

2-20 试述在平面内取线的方法。

第3章
CHAPTER 3

立体的投影

机器零件一般都是由一些基本体、切割体和相贯体按一定方式组合而形成的。要想读懂复杂的零件图、装配图，必须先读懂基本体、切割体和相贯体的投影，为阅读零件图、装配图打好基础。本章主要介绍基本体的投影、切割体的投影和相贯体的投影。

【学习重点】

1. 掌握基本体三视图的投影及尺寸标注。
2. 掌握截交线、相贯线的概念和性质。
3. 掌握截交线、相贯线的绘制与识读方法。

3.1 基本体的投影

最基本的简单立体称为基本体。根据表面性质的不同，基本体可分为平面立体和曲面立体两大类。表面均为平面的立体称为平面立体，如棱柱、棱锥等；表面为平面与曲面或全部为曲面围成的立体称为曲面立体，如圆柱、圆锥、圆球和圆环等，如图3-1所示。

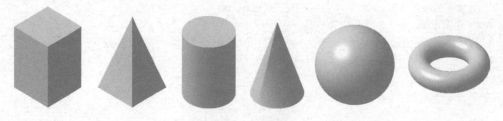

图3-1 基本体

3.1.1 平面立体的投影及表面取点

常见的平面立体有棱柱和棱锥两种。平面立体的各个表面都是平面，因此绘制平面立体的投影就是绘制构成平面立体的各表面的投影，可见的表面棱线画成粗实线，不可见的表面棱线画成细虚线。

1. 棱柱

（1）棱柱的投影　常见的棱柱有三棱柱、四棱柱、五棱柱、六棱柱等几种，下面以六棱柱为例介绍棱柱的画法。

如图 3-2a 所示，在三投影面体系中，将正六棱柱放置成顶面和底面平行于 *H* 面，并使其前后两个侧面平行于 *V* 面。

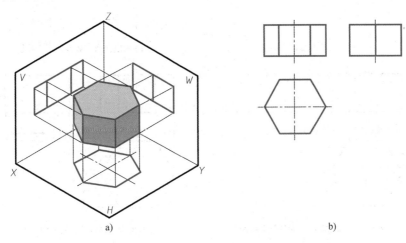

a)　　　　　　　　　　　　　　　　b)

图 3-2　正六棱柱的投影

正六棱柱的顶面和底面是水平面，因此水平投影反映实形，为正六边形，正面和侧面投影均积聚为直线。前后两个侧面是正平面，正面投影重合为矩形并反映实形，水平和侧面投影均积聚为直线。其余四个侧面为铅垂面，正面和侧面投影两两重合为矩形，且为类似形。六个侧棱均为铅垂线，水平投影积聚为正六边形的六个顶点，正面和侧面投影均为反映实长的直线。

将投影面展开，去掉边框和投射线，即可得到如图 3-2b 所示的正六棱柱三面投影图。

棱柱体的投影特点：一个投影有积聚性，它反映棱柱的形状特征即为多边形，是几边形即为几棱柱；另两个投影为矩形线框组成的图形。

（2）正六棱柱投影图的画法　正六棱柱投影图的作图步骤如下：

1）画出作图基准线、中心线，如图 3-3a 所示。

2）画出顶面和底面的水平投影，即正六边形，如图 3-3b 所示。

3）画出顶面和底面的正面和侧面投影，如图 3-3c 所示。

4）画出六个侧棱的正面和侧面投影，如图 3-3d 所示。

（3）正六棱柱表面上取点　在棱柱表面上取点和在平面上取点的方法相同。因为正棱柱的各个表面都是特殊位置平面，所以棱柱表面上点的投影均可利用积聚性来作图。

已知棱柱表面上点的一个投影，求作其他两个投影的作图方法和步骤如下：

1）根据点的已知投影，确定点所在的表面。

2）找出点所在表面有积聚性的投影。

3）在表面有积聚性的投影上，作出点的投影。

4）根据点的两个投影作出第三投影。

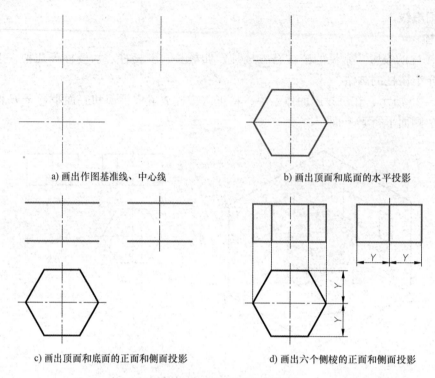

a) 画出作图基准线、中心线　　　　　b) 画出顶面和底面的水平投影

c) 画出顶面和底面的正面和侧面投影　　d) 画出六个侧棱的正面和侧面投影

图 3-3　正六棱柱投影图的画法

5）判断点的可见性：若点所在的表面可见，则点可见；若点所在的表面不可见，则点不可见；当表面投影有积聚性，此表面上又没有标注出其他点或没有被标注出的其他点遮挡时，认为此投影中表面上的点可见。

如图 3-4 所示，已知正六棱柱表面上 M 点的正面投影 m' 和 N 点的水平投影 n，求作其他两面投影。

M 点的正面投影 m' 可见，因此 M 点在正六棱柱左前方的侧面上，这个侧面的水平投影有积聚性，应先作出水平投影 m，再作出侧面投影 m''；m 和 m'' 均可见。

N 点的水平投影 n 可见，因此 N 点在正六棱柱的顶面上，顶面的正面和侧面投影均有积聚性，可直接作出正面投影 n' 和侧面投影 n''；n' 和 n'' 均可见。

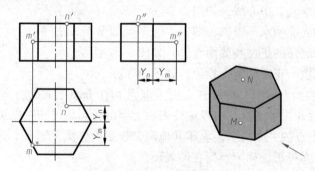

图 3-4　正六棱柱表面上取点

2. 棱锥

（1）棱锥的投影　常见的棱锥有三棱锥和四棱锥。

如图 3-5a 所示，在三投影面体系中，将正三棱锥放置成底面与 H 面平行，并有一个侧面垂直于 W 面。

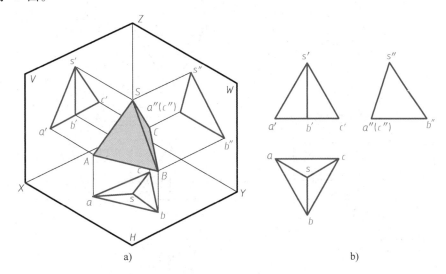

图 3-5　正三棱锥的投影

三棱锥的底面△ABC 为水平面，因此水平投影反映底面实形，正面和侧面投影积聚成直线。三棱锥的后侧面△SAC 为侧垂面，它的侧面投影积聚成直线，正面和水平投影均为类似形。左侧面△SAB 和右侧面△SBC 都是一般位置平面，因此它们的三个投影均为类似形。

将投影面展开，去掉边框和投射线，即可得到如图 3-5b 所示的正三棱锥三面投影图。

棱锥体的投影特点：一个投影的轮廓为多边形，是几边形即为几棱锥，轮廓内部是和多边形边数等同数量的三角形；另外两个投影为三角形线框组成的图形。

（2）正三棱锥投影图的画法　正三棱锥投影图的作图步骤如下：

1）画出作图基准线，如图 3-6a 所示。

2）依次画出底面的水平投影、正面投影和侧面投影，如图 3-6b 所示。

3）依次画出锥顶的水平投影、正面投影和侧面投影，如图 3-6c 所示。

4）画出三个侧棱的三面投影，如图 3-6d 所示。

（3）正三棱锥表面上取点　当棱锥的表面为特殊位置平面时，可以利用积聚性在棱锥的表面上取点；当棱锥的表面为一般位置平面时，需要借助辅助线在棱锥的表面上取点。

如图 3-7 所示，已知三棱锥表面△SAB 上点 M 的正面投影 m' 和表面△SBC 上点 N 的水平面投影 n，求作 M 和 N 点的其他两面投影。

M 点所在的表面△SAB 和 N 点所在的表面△SBC 均为一般位置平面，因此表面上取点必须作辅助线。作辅助线的方法有如下两种：

方法一：过锥顶作辅助线。过锥顶 S 和点 M 作辅助线交 AB 边于Ⅰ点。作图时，先在正面投影中过 s'、m' 作直线交 $a'b'$ 于 $1'$，作出Ⅰ点的水平投影 1，连接 s、1，在 $s1$ 上作出 M 的水平投影 m，根据 m、m' 作出 m''。

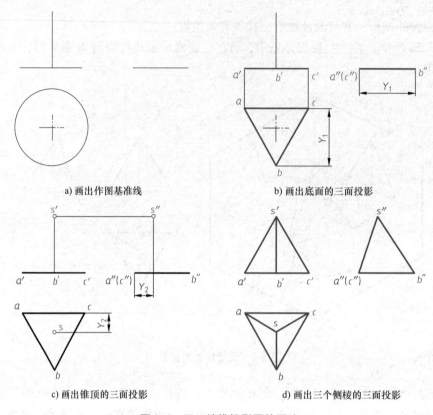

a) 画出作图基准线   b) 画出底面的三面投影

c) 画出锥顶的三面投影   d) 画出三个侧棱的三面投影

图 3-6   正三棱锥投影图的画法

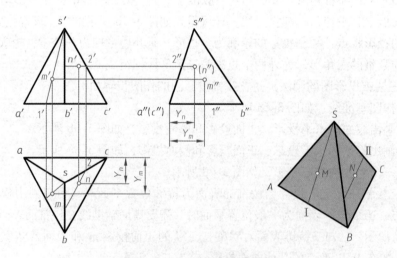

图 3-7   正三棱锥表面上取点

方法二：作底边的平行线。过 N 点作底边 BC 的平行线 NⅡ。作图时，先在水平投影中过 n 作 bc 的平行线交 sc 于 2，作出 Ⅱ 点的正面投影 $2'$，过 $2'$ 作 $b'c'$ 的平行线，在平行线上作出 n'，根据 n、n' 作出 n''，因为 $\triangle s''b''c''$ 不可见，所以 n'' 不可见。

3.1.2　曲面立体的投影及表面取点

常见的曲面立体多为回转体，主要有圆柱、圆锥、圆球和圆环等。

1. 圆柱

（1）圆柱的投影　圆柱体由圆柱面和上、下底平面圆组成。在圆柱面上与轴线平行的直线称为素线。

如图3-8a所示，在三投影面体系中，将圆柱放置成底面与 H 面平行。

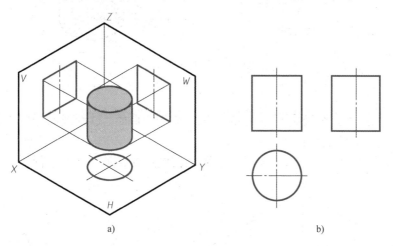

a)　　　　　　　　　　　　　　b)

图3-8　圆柱的投影

圆柱体的上、下底面为水平面，水平投影重合为圆面，且反映上、下底面的实形，正面和侧面投影积聚为直线。圆柱面为铅垂面，水平投影积聚为圆，正面和侧面投影重合为矩形面。

将投影面展开，去掉边框和投射线，即可得到如图3-8b所示的圆柱三面投影图。水平投影的圆周既是上、下两底面轮廓的投影，又是圆柱面的积聚性投影。正面投影矩形线框的上下两条边是上下底面的积聚性投影，左右两条边是圆柱面上最左和最右两条轮廓素线的投影，这两条素线是前半圆柱面和后半圆柱面的分界线，前半圆柱面可见，后半圆柱面不可见。侧面投影矩形线框的上下两条边，是上下底面的积聚性投影，左右两条边是圆柱面上最前和最后两条轮廓素线的投影，这两条素线是左半圆柱面和右半圆柱面的分界线，左半圆柱面可见，右半圆柱面不可见。

圆柱的投影特点：一个投影为圆，另两个投影是全等的矩形。

（2）圆柱表面取点　圆柱面的投影有积聚性，可以利用积聚性求作表面上点的投影。

如图3-9所示，已知圆柱面上 M 点的正面投影 m' 和 N 点的正面投影 n'，求作其另外两面的投影。

因为 m' 可见，所以 M 点在圆柱面的左侧前半圆柱面上。根据 m' 在水平投影的下半圆周作出 m，再根据 m'、m 作出 m''，由于 M 点处于圆柱面的左半部，故 m'' 可见。

因为 n' 可见，所以 N 点在圆柱面的右侧前半圆柱面上。根据 n' 在水平投影的下半圆周作出 n，再根据 n'、n 作出 n''，由于 N 点处于圆柱面的右半部，故 n'' 不可见。

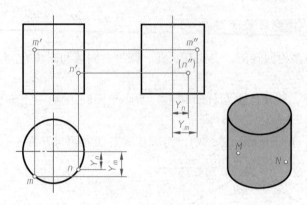

图 3-9　圆柱表面取点

2. 圆锥

（1）圆锥的投影　圆锥由圆锥面和底面组成。圆锥面上过锥顶的任一直线都是素线，圆锥面上所有与底面平行的圆均为纬线圆。

如图 3-10a 所示，在三投影面体系中，将圆锥放置成底面与 H 面平行。

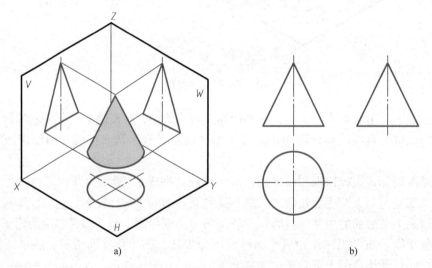

a)　　　　　　　　　　　　　　　　b)

图 3-10　圆锥的投影

圆锥的底面为水平面，水平投影为圆面，且反映底面的实形，正面和侧面投影积聚为直线。圆锥面的水平投影与底面的水平投影重合，正面和侧面投影重合为三角形面。

将投影面展开，去掉边框和投射线，即可得到如图 3-10b 所示的圆锥三面投影图。水平投影的圆面既是底面的投影，又是圆锥面的投影，其中圆锥面可见，底面不可见。正面投影三角形线框的底边是底面的积聚性投影，左右两条边是圆锥面上最左和最右两条轮廓素线的投影，这两条素线是前半圆锥面和后半圆锥面的分界线，前半圆锥面可见，后半圆锥面不可见。侧面投影三角形线框的底边是底面的积聚性投影，左右两条边是圆锥面上最前和最后两条轮廓素线的投影，这两条素线是左半圆锥面和右半圆锥面的分界线，左半圆锥面可见，右半圆锥面不可见。

圆锥的投影特点：一个投影为圆，另两个投影是全等的等腰三角形。

（2）圆锥表面取点 圆锥面的投影没有积聚性，在圆锥面上取一般位置点需要作辅助线，如图 3-11c 所示。作辅助线的方法有两种：素线法和纬线圆法。

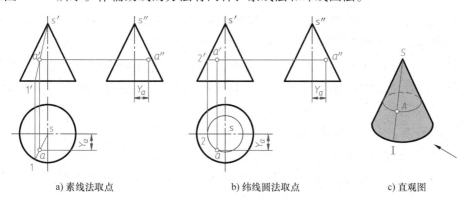

a) 素线法取点   b) 纬线圆法取点   c) 直观图

图 3-11 圆锥表面取点

如图 3-11a、b 所示，已知圆锥面上一点 A 的正面投影 a'，求作其另外两面的投影 a 和 a"。

方法一：素线法。过锥顶 S 和点 A 作素线 SⅠ，A 点的投影应在该素线的相应投影上。如图 3-11a 所示，作图时先在正面投影中连接 s'、a' 并延长与底面交于 1'，作出Ⅰ点的水平投影 1，连接 s、1，在 s1 上作出点 A 的水平投影 a，根据 a'、a 作出 a"。

方法二：纬线圆法。在锥面上过点 A 作与底面平行的纬线圆，A 点的投影应在该圆的相应投影上。如图 3-11b 所示，作图时可先过 a' 作直线 2'a'（纬线圆的正面投影）平行底边，作出Ⅱ点的水平投影 2，以 s 为圆心，通过 2 作出纬线圆的水平投影，在圆上作出 A 点的水平投影 a，根据 a'、a 作出 a"。

3. 圆球

（1）圆球的投影 圆球的表面均为球面。球面由一母线圆绕其直径回转后形成。

如图 3-12a 所示，将圆球放置在三投影面体系中。

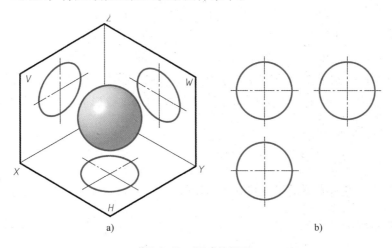

a)   b)

图 3-12 圆球的投影

圆球的三个投影均为与圆球直径相等的圆。

将投影面展开，去掉边框和投射线，即可得到如图 3-12b 所示的圆球三面投影图。

圆球三个投影中的三个圆分别是三个方向轮廓素线圆的投影。正面投影的圆是圆球上与 V 面平行的最大圆的投影，该圆是可见的前半球面和不可见的后半球面的分界线；水平投影的圆是圆球上与 H 面平行的最大圆的投影，该圆是可见的上半球面和不可见的下半球面的分界线；侧面投影的圆是圆球上与 W 面平行的最大圆的投影，该圆为可见的左半球面和不可见的右半球面的分界线。

圆球的投影特点：三个投影均为全等的圆。

（2）圆球表面取点　因为球面投影没有积聚性，且球面上不存在直线，所以必须采用辅助圆法求其表面上一般位置点的投影，辅助圆应为与投影面平行的水平圆、正平圆或侧平圆。

如图 3-13a 所示，已知圆球面上一点 M 的正面投影 m′，求作其另外两面的投影 m 和 m″。

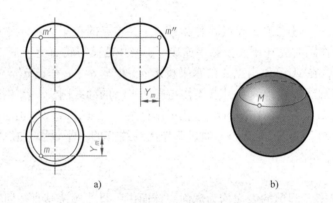

图 3-13　圆球表面取点

过点 M 作一个水平圆，如图 3-13b 所示，M 点的投影应在该圆的相应投影上。

如图 3-13a 所示，因为 m′ 可见，所以 M 点在上、前、左半球面上。作图时，先在正面投影中过 m′ 在圆内作水平方向的线段，此线段即为辅助圆的正面投影，线段长即为辅助圆的直径；再作出反映实形的辅助圆水平投影，点 M 的水平投影 m 即在此圆的前半圆周上；根据 m′、m 作出 m″。

3.1.3　不完整立体的投影

图 3-14 所示为几种常见的不完整立体的投影。

3.1.4　基本体的尺寸标注

几种常见平面立体的尺寸标注，如图 3-15 所示。

几种常见曲面立体的尺寸标注，如图 3-16 所示。

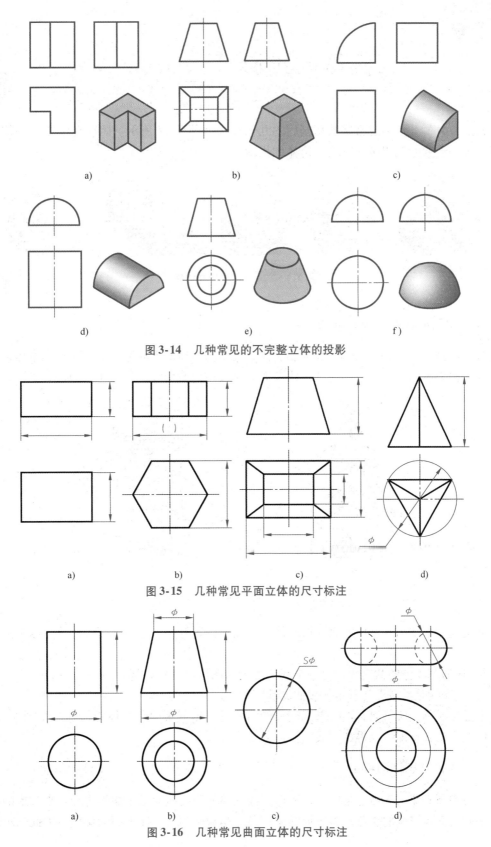

图 3-14 几种常见的不完整立体的投影

图 3-15 几种常见平面立体的尺寸标注

图 3-16 几种常见曲面立体的尺寸标注

3.2　切割体的投影

　　构成机件的几何体通常是被切割后的几何体，如图 3-17 所示。因此在绘制基本体投影的基础上，还要绘制出被切割后几何体的投影。

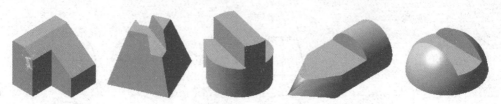

图 3-17　被切割后的几何体

3.2.1　切割体及截交线的概念

　　基本体被平面截切后的部分称为切割体，截切基本体的平面称为截平面，基本体被截切后的断面称为截断面，截平面与基本体表面的交线称为截交线，如图 3-18 所示。

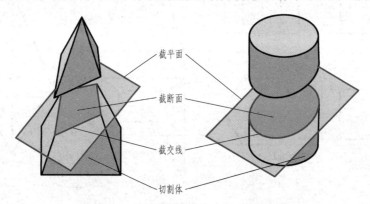

截平面

截断面

截交线

切割体

图 3-18　切割体及截交线的概念

　　截交线的形状与基本体的表面性质及截平面的位置有关。任何截交线都具有以下两个基本性质：

　　1）任何基本体的截交线都是一个封闭的平面图形。

　　2）截交线是截平面与基本体表面的共有线。

　　由截交线的性质可以看出，求截交线的实质是求出截平面与立体表面的一系列共有点，然后依次连接各点即可求得截交线的投影。

3.2.2　平面切割体的投影

　　因为平面立体的表面都是平面，所以平面立体的截交线应是平面多边形。多边形的顶点是截平面与立体棱线的交点，多边形的每一条边是截平面与立体表面的交线。因此，求截交线的实质是求出截平面与立体各被截棱线的交点，然后顺次连接即可求得截交线的投影。

例3-1　如图3-19a所示，完成正五棱柱被截切后的侧面投影。

分析：正五棱柱被正垂面截切，截交线为五边形。因为截平面的正面投影有积聚性，所以截交线的正面投影与截平面的正面投影重合；因为正五棱柱的五个侧面水平投影有积聚性，所以截交线的水平投影与五个侧面的水平投影重合；因为截断面与侧面倾斜，所以侧面投影为类似形。

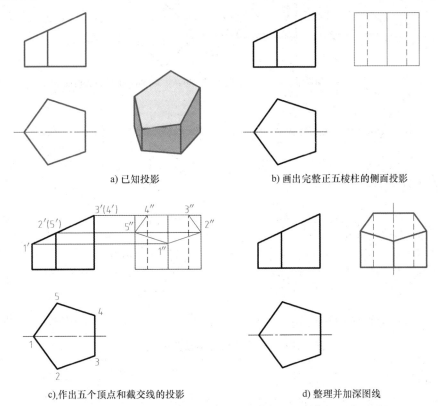

a) 已知投影　　　　　　　　　　b) 画出完整正五棱柱的侧面投影

c),作出五个顶点和截交线的投影　　　　d) 整理并加深图线

图3-19　被截切正五棱柱投影的作图步骤

作图步骤如下：

1）画出正五棱柱被截切前的侧面投影，如图3-19b所示。

2）找出截交线五个顶点的水平投影1、2、3、4、5和正面投影1′、2′、3′、4′、5′，根据正面和水平投影求出各顶点的侧面投影1″、2″、3″、4″、5″，如图3-19c所示。

3）依次连接五个顶点的侧面投影，即得截交线的投影。

4）判断可见性，整理并加深图线，即可完成切割体投影，如图3-19d所示。

例3-2　如图3-20a所示，完成正四棱锥被截切后的三个投影。

分析：正四棱锥被正垂面截切，截交线为四边形。因为截平面的正面投影有积聚性，所以截交线的正面投影已知，与截平面的正面投影重合；因为截平面和正四棱锥的四个侧面的水平投影和侧面投影均为类似形，没有积聚性，所以需要作出正四棱锥被截切后的水平投影和侧面投影。

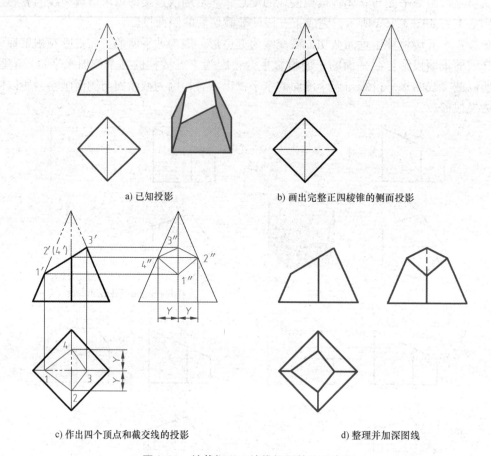

a) 已知投影

b) 画出完整正四棱锥的侧面投影

c) 作出四个顶点和截交线的投影

d) 整理并加深图线

图 3-20　被截切正四棱锥投影的作图步骤

作图步骤如下：

1）画出正四棱锥被截切前的侧面投影，如图 3-20b 所示。

2）找出截交线四个顶点的正面投影 1′、2′、3′、4′，根据正面投影求出四个顶点的水平投影 1、2、3、4 和侧面投影 1″、2″、3″、4″，如图 3-20c 所示。

3）依次连接截交线各顶点的水平投影和侧面投影，即得截交线的投影。

4）判断可见性，整理并加深图线，即可完成被截切正四棱锥的投影，如图 3-20d 所示。

例 3-3　如图 3-21a 所示，求正四棱柱开槽后的水平投影和侧面投影。

分析：正四棱柱开槽可以看作是正四棱柱被三个截平面截切，其中水平截平面的正面和侧面投影积聚为直线，水平投影为六边形实形；两个侧平截平面的正面和水平投影积聚成直线，侧面投影为矩形实形。

作图步骤如下：

1）画出正四棱柱开槽前的侧面投影，如图 3-21b 所示。

2）分别作出水平截平面和侧平截平面的三个投影，如图 3-21c 所示。

3）判断可见性，整理并加深图线，即可完成切割体投影，如图 3-21d 所示。

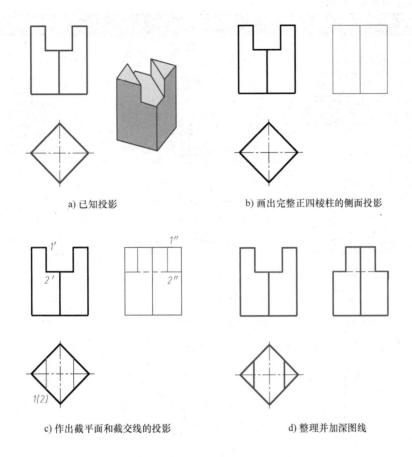

a) 已知投影　　　　　　　　　　b) 画出完整正四棱柱的侧面投影

c) 作出截平面和截交线的投影　　　　d) 整理并加深图线

图 3-21　正四棱柱开槽后水平投影和侧面投影的作图步骤

3.2.3　曲面切割体的投影

曲面立体被截切后，截交线一般是封闭的平面曲线或平面曲线与直线围成的平面图形。作图时，首先要根据截平面与曲面立体的相对位置判断截交线的形状，然后作截交线上的点，即截平面与曲面立体上被截各素线的交点，最后光滑连接各点即可。

曲面截交线的作图步骤：

1）作特殊点。特殊点一般是截交线上的最高、最低、最前、最后、最左、最右及转向轮廓线上的点。这些点可以确定截交线的大致范围。

2）作中间点。为保证准确作出截交线，在特殊点之间还需作出一定数量的一般点。

3）判断可见性并顺次光滑连接各点。可见部分用粗实线绘制，不可见部分用虚线绘制。

1. 圆柱的截切

根据截平面与圆柱轴线的相对位置不同，圆柱被截切后的截交线有三种不同的形状，见表 3-1。

机械制图

表3-1　圆柱的截切及截交线的投影

截平面的位置	与圆柱的轴线平行	与圆柱的轴线垂直	与圆柱的轴线倾斜
截交线的形状	矩形	圆	椭圆
轴测图			
投影图			

例3-4　如图3-22a所示，求斜截圆柱的侧面投影。

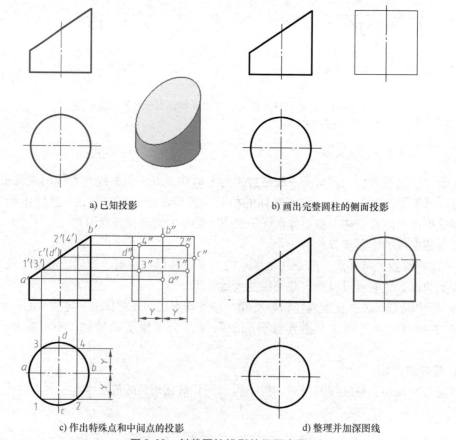

a) 已知投影　　　　　　　　b) 画出完整圆柱的侧面投影

c) 作出特殊点和中间点的投影　　　　d) 整理并加深图线

图3-22　斜截圆柱投影的作图步骤

分析：截平面与圆柱的轴线倾斜，截交线为椭圆。因为截平面是正垂面，且圆柱的轴线垂直于 H 面，所以截交线的正面投影积聚为直线；因为圆柱面的水平投影积聚为圆，所以截交线的水平投影与其重合。根据截交线的正面和水平投影可以作出侧面投影。

作图步骤如下：

1）画出圆柱被截切前的侧面投影，如图 3-22b 所示。

2）作特殊点。对于椭圆，可先作出长、短轴的四个端点。短轴的两个端点 A、B 是椭圆的最低点和最高点，位于圆柱的最左和最右两条素线上；长轴的两个端点 C、D 是椭圆的最前点和最后点，位于圆柱的最前和最后两条素线上。这四个点的水平投影分别为 a、b、c、d，正面投影分别为 a'、b'、c'、d'。根据点的投影规律可作出侧面投影 a''、b''、c''、d''，如图 3-22c 所示。

3）作中间点。在水平投影上，任取对称于中心线的 1、2 和 3、4 四个点，作出其正面投影 $1'$、$2'$、$3'$、$4'$，再作出侧面投影 $1''$、$2''$、$3''$、$4''$，如图 3-22c 所示。

4）判断可见性并依次光滑连接各点。整理并加深图线，即可得到斜截圆柱的侧面投影，如图 3-22d 所示。

例 3-5　如图 3-23a 所示，求开槽圆柱的水平投影。

分析：圆柱被三个截平面截切，两个水平面的截平面与圆柱面的交线是直素线，其正面和侧面投影积聚为直线，水平投影应为矩形，反映实形；侧平面的截平面与圆柱面的交线是两段圆弧，其正面投影积聚为直线，侧面投影反映实形，为上下直线两侧圆弧的图形，水平投影积聚为直线。

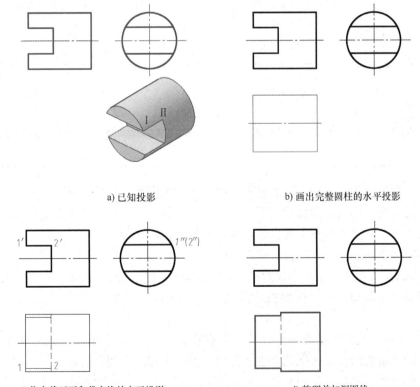

a) 已知投影　　　　　　　　　　　　b) 画出完整圆柱的水平投影

c) 作出截平面和截交线的水平投影　　　　d) 整理并加深图线

图 3-23　圆柱开槽的作图步骤

作图步骤如下：

1）画出圆柱被开槽前的水平投影，如图 3-23b 所示。

2）找到素线ⅠⅡ的正面投影 1'2' 和侧面投影 1"2"，作出水平投影 12，并对称作出另一侧的素线；作出侧平截平面的水平投影，中间不可见的画虚线，两侧可见的画实线，如图 3-23c 所示。

3）整理并加深图线，完成开槽圆柱的水平投影，如图 3-23d 所示。

2. 圆锥的截切

截平面截切圆锥时，根据截平面与圆锥轴线位置的不同，截交线有五种情况，见表 3-2 所示。

表 3-2　圆锥的截切及截交线的投影

截平面的位置	与圆锥的轴线垂直	与圆锥的轴线倾斜	与圆锥的一条素线平行	与圆锥的轴线平行	通过圆锥的锥顶
截交线的形状	圆	椭圆	抛物线	双曲线	三角形
轴测图					
投影图					

例 3-6　如图 3-24a 所示，圆锥被正平面截切，求作截交线的投影。

分析：因为截平面与圆锥的轴线平行，所以截交线是双曲线。因为截平面为正平面，所以截交线的水平和侧面投影积聚成直线，而正面投影反映实形。

作图步骤如下：

1）作特殊点。在侧面投影中找到最高点的投影 1" 和最低点的投影 2"、3"，对应找到它们的水平投影 1、2、3，根据侧面投影和水平投影作出正面投影 1'、2'、3'，如图 3-24b 所示。

2）作中间点。在正面投影截交线的最高点和最低点之间作出辅助纬线圆的正面投影，其投影为与轴线垂直的直线；据此可直接在侧面投影中作出中间点的投影 4"、5"；再作出纬线圆反映实形的水平投影，此圆与截平面投影的交点 4、5，即为中间点的水平投影；根据中间点的侧面和水平投影作出正面投影 4'、5'，如图 3-24b 所示。

3）判断可见性并光滑连接。依次光滑连接点 2′、4′、1′、5′、3′，即可求得截交线的投影，如图 3-24c 所示。

4）整理并加深图线，如图 3-24d 所示。

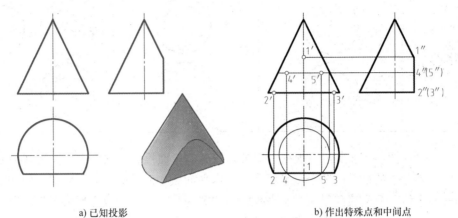

a) 已知投影　　　　　　　　　　　　　　　　b) 作出特殊点和中间点

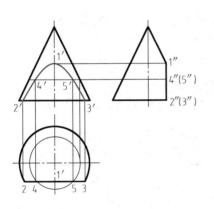

c) 判断可见性并光滑连接　　　　　　　　　d) 整理并加深图线

图 3-24　圆锥截交线的作图步骤

3. 圆球的截切

用截平面截切圆球，其截交线均为圆。由于截平面与投影面的相对位置不同，其截交线圆的投影可能为圆、椭圆或直线，见表 3-3。

表 3-3　圆球的截切及截交线的投影

截平面的位置	截平面为水平面	截平面为正平面	截平面为正垂面
截交线的形状	圆		
轴测图	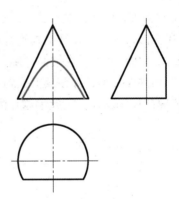		

（续）

截平面的位置	截平面为水平面	截平面为正平面	截平面为正垂面
投影图	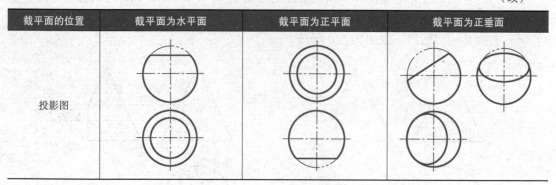		

例 3-7 如图 3-25a 所示，根据半球被开槽后的正面投影，求作水平投影和侧面投影。

分析： 半球上的槽是由两个侧平面和一个水平面截切而成的，它们和球面的交线都是圆弧。槽的两个侧面截交线的正面和水平投影均积聚为直线，侧面投影反映圆弧实形；槽底面截交线的正面和侧面投影积聚为直线，水平投影反映圆弧实形。

作图步骤如下：

1）如图 3-25b 所示，在水平投影上过槽底的投影作半径为 R_1 的水平辅助圆，作出辅助圆的水平和侧面投影，并在其上找到对应截交线的投影。

2）如图 3-25c 所示，在侧面投影上过槽侧面的投影作半径为 R_2 的侧平辅助圆，作出辅助圆的水平和侧面投影，并在其上找到对应截交线的投影。

3）整理并加深图线，完成半球开槽的投影，如图 3-25d 所示。

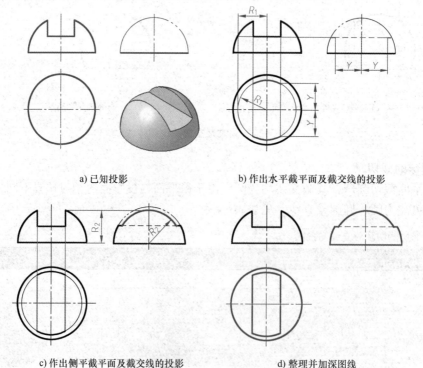

a) 已知投影　　　　　　　　　　　b) 作出水平截平面及截交线的投影

c) 作出侧平截平面及截交线的投影　　　　　d) 整理并加深图线

图 3-25　半球开槽截交线的作图步骤

4. 组合回转体的截交线

由若干个同轴回转体组合而成的回转体称为组合回转体。被截切的组合回转体如图3-26所示。求组合回转体的截交线时，应先分析各组成回转体表面的性质；再根据截平面与各组成回转体的相对位置，判断截交线的形状；最后根据各段截交线的投影特点，依次作出其投影。

图3-26 被截切的组合回转体

例3-8 如图3-27a所示，已知被截切组合回转体的水平和侧面投影，求作正面投影。

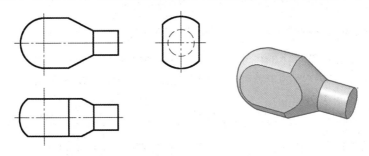

a) 已知投影

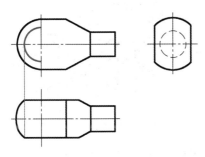

b) 作出截平面与半球面的截交线

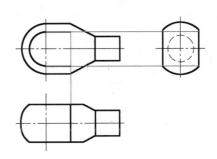

c) 作出截平面与圆柱面的截交线

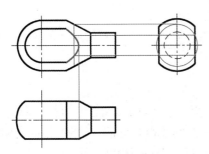

d) 作出截平面与圆锥面的截交线

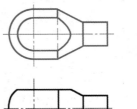

e) 整理、补充并加深图线

图3-27 被截切组合回转体截交线的作图步骤

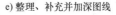

分析：组合回转体由半球面、圆柱面、圆锥面和小圆柱面组成，其中左侧的半球、圆柱和圆锥面被截平面截切，截交线是由半圆、两条直素线和双曲线组成的封闭图形。因为截平面为正平面，所以截交线的正面投影反映实形。

作图步骤如下：

1）作出截平面与半球面的截交线。根据水平投影或侧面投影，在正面投影上作出半圆，如图 3-27b 所示。

2）作出截平面与圆柱面的截交线。根据水平投影或侧面投影，在正面投影上作出两条直素线，如图 3-27c 所示。

3）作出截平面与圆锥面的截交线。根据水平投影或侧面投影，在正面投影上作出双曲线的特殊点和中间点并光滑连接成双曲线，如图 3-27d 所示。

4）整理、补充并加深图线，如图 3-27e 所示。

3.2.4　切割体的尺寸标注

切割体除了要标注基本体的尺寸之外，还要标注截平面的位置尺寸。因为截平面与立体的相对位置确定后，截交线的形状和大小即可确定，所以不能在截交线上标注尺寸。常见切割体的尺寸标注如图 3-28 所示。

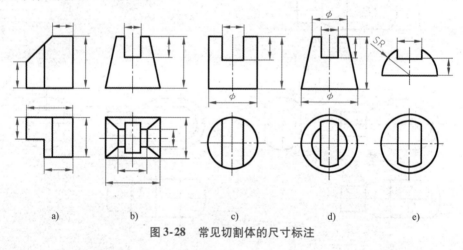

a)　　　　b)　　　　c)　　　　d)　　　　e)

图 3-28　常见切割体的尺寸标注

3.3　相贯体的投影

3.3.1　相贯体及相贯线的概念

工程中有很多零件是由两个立体相交而成的，两个相交的立体称为相贯体，相交两立体表面的交线称为相贯线。图 3-29 所示为三通管，其上两圆柱相交表面产生的交线即为相贯线。

本书只讨论两曲面立体相交。两曲面立体的相贯线有以下性质：

1）相贯线是两曲面立体表面的共有线，也是两相交曲面立体的分界线。相贯线上的点一定是两立体表面的共有点。

2）因为立体的表面是封闭的，所以相贯线一般为封闭的空间曲线，特殊情况下可能是平面曲线或直线。

相贯线是两曲面的共有线，因此求相贯线的实质是求两曲面的一系列共有点，然后依次光滑地连接。作图时，对于曲线的相贯线，为更确切地作出相贯线的投影，必须求出相贯线上的特殊点，如最高点、最低点，最左点、最右点，最前点、最后点以及轮廓素线上的点等。

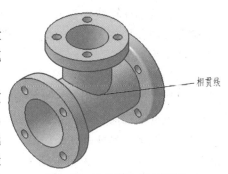

图 3-29　三通管上的相贯线

3.3.2　利用积聚性求相贯线

当相交的两个曲面立体中有一个是圆柱面，且其轴线垂直于投影面时，则该圆柱面在所垂直的投影面上的投影积聚为一个圆，即相贯线上的点在该投影面上的投影也一定积聚在该圆上，其他投影可根据表面取点的方法求出。

例 3-9　如图 3-30a 所示，求两圆柱正交的相贯线。

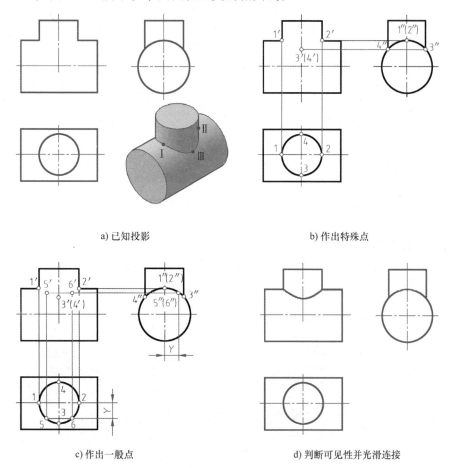

a) 已知投影　　　　　　　　　　b) 作出特殊点

c) 作出一般点　　　　　　　　　d) 判断可见性并光滑连接

图 3-30　两圆柱正交求相贯线的作图步骤

分析：两圆柱轴线垂直相交为正交，其相贯线的水平投影积聚在小圆柱的水平投影圆上，侧面投影积聚在大圆柱的侧面投影圆上，根据相贯线的两面投影即可求出其正面投影。

作图步骤如下：

1）求特殊点。如图3-30b所示，点Ⅰ、点Ⅱ是小圆柱的最左素线和最右素线与大圆柱的最上素线的交点，是相贯线上的最左点和最右点，同时也是最高点，可在投影图中直接找到点Ⅰ、点Ⅱ的三面投影；点Ⅲ和点Ⅳ是小圆柱的最前素线和最后素线与大圆柱面的交点，它们是相贯线上的最前点和最后点，也是最低点，其水平投影3、4和侧面投影3″、4″可直接作出，正面投影3′和4′可根据水平和侧面投影作出。

2）求一般点。如图3-30c所示，在小圆柱的水平投影圆上取点5、6，它的侧面投影5″、6″在大圆柱侧面的积聚性投影圆上，其正面投影5′、6′可根据两面已知投影求出。

3）判断可见性并光滑连接。如图3-30d所示，用粗实线顺次光滑地连接1′、5′、3′、6′、2′点即为相贯线的正面投影，相贯线后部投影与之重合（如果不重合，应以细虚线画出），不必画出。

两圆柱正交是机械零件上常见的情况，如图3-31所示，其相贯线的形状和作图方法都是完全相同的。

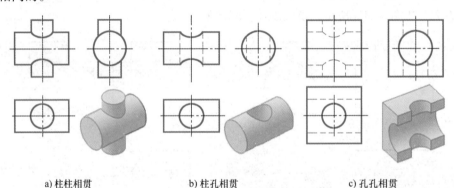

a) 柱柱相贯　　　　　　b) 柱孔相贯　　　　　　c) 孔孔相贯

图3-31　圆柱面与圆柱面相交的三种情况

3.3.3　两回转体相贯线的特殊情况

两回转体相贯线的特殊情况有以下三种：

1）两圆柱轴线平行相交或两圆锥共锥顶相交时，其相贯线为直线，如图3-32所示。

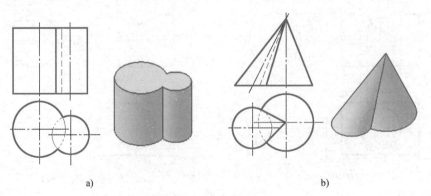

a)　　　　　　　　　　　　　　　　b)

图3-32　特殊相贯线（1）

2）当两回转体同轴相交时，其相贯线为平面曲线——圆。如果该圆垂直于某投影面，则另两面的投影为直线，如图 3-33 所示。

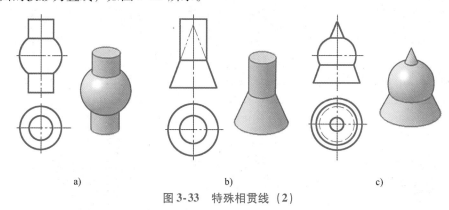

a)　　　　　　　　　　　b)　　　　　　　　　　　c)

图 3-33　特殊相贯线（2）

3）两等直径回转体相交或两回转体同时公切于一个球时，相贯线为平面曲线。如果平面曲线与某投影面垂直，则另两面的投影也为直线，如图 3-34 所示。

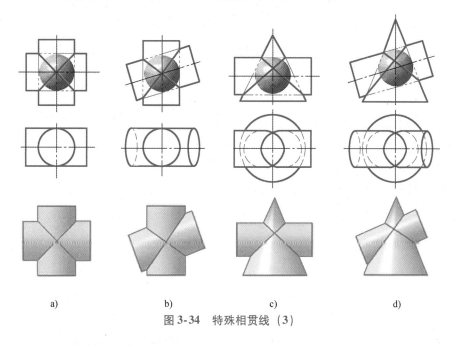

a)　　　　　　　　　b)　　　　　　　　　c)　　　　　　　　　d)

图 3-34　特殊相贯线（3）

3.3.4　尺寸变化对相贯线形状的影响及相贯线的近似画法

1. 尺寸变化对相贯线形状的影响

如图 3-35 所示，当两个圆柱轴线垂直相交相贯时，轴线水平圆柱的尺寸保持不变，轴线竖直圆柱的直径尺寸由小变大，其相贯线的形状也会随之改变。

2. 相贯线的近似画法

国家标准规定在绘制机件图样的过程中，当两圆柱正交且对交线形状准确度要求不高时，允许用圆弧代替相贯线的投影，其画法如图 3-36a 所示。当两圆柱正交且一个圆柱直径很小，相贯线接近于直线时，可以用直线代替相贯线，如图 3-36b 所示。

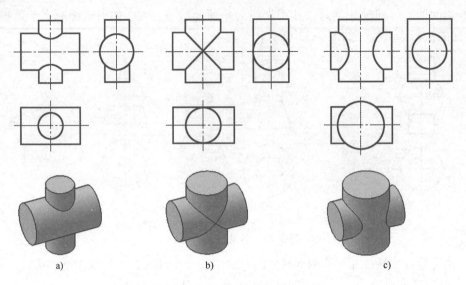

图 3-35　尺寸变化对相贯线形状的影响

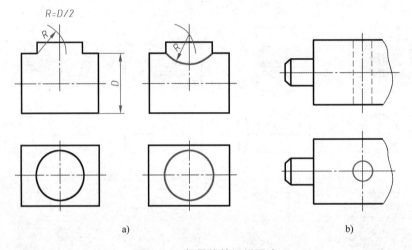

图 3-36　相贯线的近似画法

3.3.5　相贯体的尺寸标注

两立体相交，除了要标注出两立体的尺寸之外，还要标出两立体的相对位置尺寸，但不能标注相贯线的形状尺寸，如图 3-37 所示。

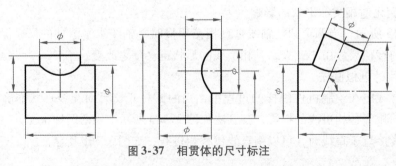

图 3-37　相贯体的尺寸标注

复习思考题

3-1　棱柱的投影特点是什么？如何在棱柱表面取点？

3-2　如何判断立体表面上点的可见性？

3-3　棱锥的投影特点是什么？如何在棱锥表面取点？

3-4　圆柱、圆锥和圆球的投影特点是什么？如何在回转体表面取点？

3-5　试述平面立体截交线的作图方法。

3-6　求回转体截交线的方法有哪几种？

3-7　相贯线有哪些性质？

3-8　试述求两圆柱正交相贯线的方法和步骤。

3-9　两圆柱正交且直径相等时，相贯线是哪种曲线？其投影有何特点？

第4章

CHAPTER 4

组 合 体

任何复杂的机器零件都可以看作是由若干基本体、切割体组成的，这种由两个或两个以上基本体组成的物体称为组合体。从形体结构上看，组合体已非常接近机器零件，因此掌握组合体三视图的画法和读图方法可为读零件图和装配图奠定基础。

【学习重点】

1. 掌握组合体的组合形式及种类。
2. 运用形体分析法分析、绘制组合体视图。
3. 掌握运用形体分析法和线面分析法识读组合体视图。
4. 正确、完整、清晰、合理地标注组合体尺寸。

4.1 组合体及其形体分析法

4.1.1 组合体的组合形式及种类

组合体的组合形式有叠加和切割两种，根据其组合形式和形体特征，组合体可以分为三种类型。

1. 叠加类组合体

由各种基本形体简单叠加而成的组合体，称为叠加类组合体，如图 4-1 所示。

2. 切割类组合体

由一个基本形体进行切割（如钻孔、挖槽等）后形成的组合体，称为切割类组合体，如图 4-2 所示。

3. 综合类组合体

由若干个基本形体经叠加和切割后形成的组合体，是最常见的一类组合体，称为综合类组合体，如图 4-3 所示。

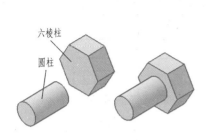

图 4-1　叠加类组合体（螺栓毛坯）

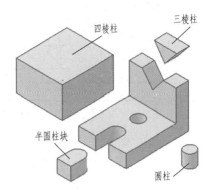

图 4-2　切割类组合体（压块）

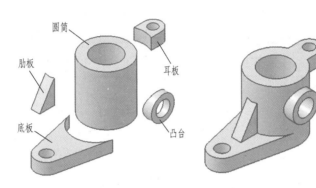

图 4-3　综合类组合体（支座）

4.1.2　组合体表面连接关系及画法

构成组合体的各基本体表面之间的连接关系可分为平齐、不平齐、相切和相交四种情况，如图 4-4 所示。

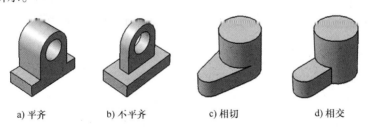

a) 平齐　　　　b) 不平齐　　　　c) 相切　　　　d) 相交

图 4-4　两表面的连接关系

1. 两表面平齐或不平齐

当形体以平面接触时，如果两表面平齐，则两形体表面衔接处不画分界线；如果两表面不平齐，则在两形体表面的衔接处应画分界线，如图 4-5 所示。

2. 两表面相切

当平面与曲面或两曲面相切时，因为它们的连接处为光滑过渡，不存在明显的轮廓线，所以在相切处不画出分界线，如图 4-6 所示。

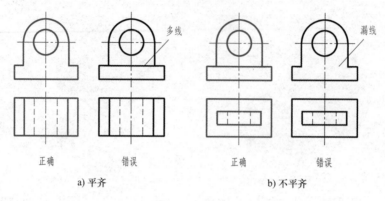

正确　　　　错误　　　　　　　　正确　　　　错误

a) 平齐　　　　　　　　　　　　b) 不平齐

图 4-5　两表面平齐或不平齐的画法

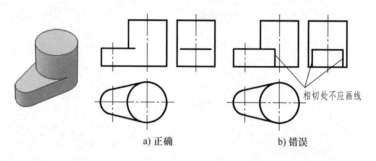

a) 正确　　　　　　b) 错误

图 4-6　两表面相切的画法

3. 两表面相交

当两表面相交时，在相交处必须画出它们的交线（截交线或相贯线），如图 4-7 所示。

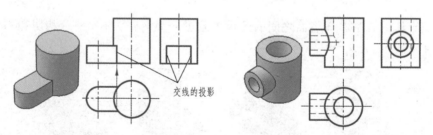

图 4-7　两表面相交的画法

4.1.3　形体分析法

假想将组合体分解成若干个基本形体，并分析它们的形状、组合形式和表面连接关系，以便于画图、读图和尺寸标注，这种分析组合体的思维方法称为形体分析法。

如图 4-1 ~ 图 4-3 所示组合体，用形体分析法分析，都可看作是由若干个基本体组合而成的。

应用形体分析法可以使复杂问题简化，可以将陌生的组合体分解为若干个熟悉的基本形体。因此，熟练掌握这一基本方法后，能帮助读者正确、迅速地解决组合体的读图、画图问题。

4.2 绘制组合体三视图

4.2.1 三视图的形成和投影规律

1. 视图的概念

用正投影法将物体向投影面投影所得的图形，称为视图，如图4-8所示。

2. 三视图的形成

一个视图不能准确地表达物体的结构形状，因此，通常将物体正放在三个互相垂直的投影面体系中，然后向三个投影面分别作正投影，其中在正面（V面）上得到的视图称为主视图，在水平面（H面）上得到的视图称为俯视图，在侧面（W面）上得到的视图称为左视图。这三个视图就形成了物体的三视图，如图4-9a所示。

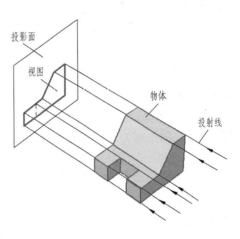

图4-8 视图的概念

为了使三视图能画在同一张图纸上，要将三个投影面展开成同一平面。国家标准规定正面（V面）保持不动，水平面（H面）向下旋转90°，侧面（W面）向右旋转90°，如图4-9b所示。

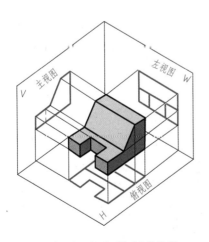

a) 物体在三投影面体系中的投影

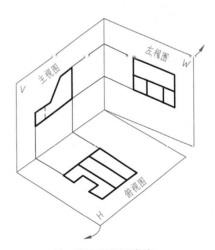

b) 三投影面的展开方法

图4-9 三视图的形成

3. 三视图的投影关系

根据三个投影面展开的规定和正投影法的原理形成的三视图（图4-10）有下列投影关系。

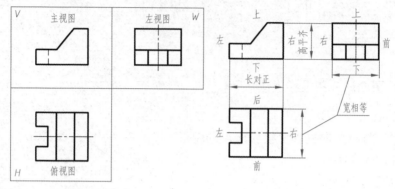

a) 展开后的三视图   b) 三视图之间的投影规律

图4-10　三视图的投影关系

（1）三视图的位置关系　以主视图为准，俯视图在主视图的正下方，左视图在主视图的正右方。画图时，三个视图必须按上述位置配置。

（2）三视图的"三等"关系　主视图和俯视图同时反映物体的长度，主视图和左视图同时反映物体的高度，俯视图和左视图同时反映物体的宽度。因此，三视图之间必然存在如下投影关系：主、俯视图长对正，主、左视图高平齐，俯、左视图宽相等。简单地说，就是"长对正、高平齐、宽相等"的三等规律。在画图和读图时必须严格遵循"三等"规律。需要注意的是，不仅物体的总体要符合"三等"关系，而且对于物体的局部以及物体上的每一点、线、面都应符合"三等"关系，如图4-10b所示。

（3）三视图之间的方位关系　物体有上、下、左、右、前、后六个方位，三视图中的主视图反映上、下、左、右四个方位，俯视图反映前、后、左、右四个方位，左视图反映上、下、前、后四个方位，如图4-10b所示。

4.2.2　组合体三视图的画法

绘制组合体的三视图，应按一定的方法和步骤进行。现以图4-11所示的组合体为例进行介绍。

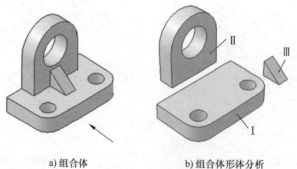

a) 组合体   b) 组合体形体分析

图4-11　组合体及形体分析

1. 进行形体分析

绘制组合体三视图时，首先应对组合体进行形体分析，了解该组合体由哪些基本体构成、它们的组合形式及表面连接关系。对该组合体的结构应有一个总体概念。图 4-11a 所示的组合体由形体Ⅰ（底板）、形体Ⅱ（立板）和形体Ⅲ（肋板）组成（图 4-11b）。它们之间的组合形式及表面间的连接关系是：形体Ⅱ居中叠加在形体Ⅰ上方，并与形体Ⅰ后面平齐；形体Ⅲ与形体Ⅰ、形体Ⅱ居中叠加，表面相交。

2. 选择主视图

主视图是一组视图的核心，是最重要的视图。确定主视图时，应选取最能反映组合体形状结构特征的视图作为主视图，即所选择的主视图能较清晰或较多地反映组合体各组成部分的形状及相对位置。然后按选择的投射方向，将物体放在投影面之前，使物体的主要平面平行或垂直于投影面。根据上述原则，经选择比较，选图 4-11a 中箭头所指方向为主视投射方向，作出主视图。主视图确定之后，根据其具体特点添加一定数量的其他视图。图 4-11 所示的组合体除主视图外还需要画出俯视图和左视图，以进一步表达形体Ⅰ及形体Ⅲ的形状与位置。于是可确定画主、俯、左三个视图。

3. 选比例、定图幅

在一般情况下，作图时尽量选用 1:1 的比例，既便于画图，又能直观地反映物体的真实大小。选好比例后，再根据组合体长、宽、高三个方向的尺寸，大致计算出各视图所需要的面积，并在视图之间留出标注尺寸的位置及适当的间隔，按大小选用合适的标准图幅。

4. 布置视图、绘制底稿

布置视图时，要注意分布均匀。先以对称中心线、轴线和较大的平面作为基准线，画出基准线以确定出各视图的位置。视图位置确定后，根据组合体中各基本形体的投影特点，用细实线逐个画出。画图顺序是：一般先画实体（叠加），后画虚体（挖切）；先画较大的形体，后画较小的形体；先画主要轮廓，后画细节。可先从主视图开始，三个视图联系起来画，既能保证各部分投影关系正确，又可以提高绘图速度。绘制组合体三视图的方法和步骤如图 4-12 所示。

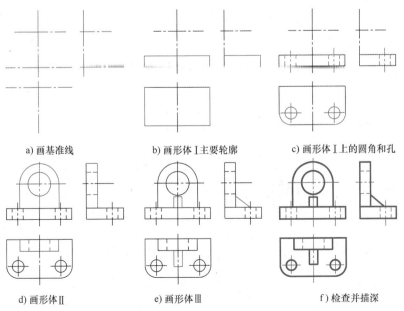

a) 画基准线　　　　　　b) 画形体Ⅰ主要轮廓　　　　　c) 画形体Ⅰ上的圆角和孔

d) 画形体Ⅱ　　　　　　e) 画形体Ⅲ　　　　　　f) 检查并描深

图 4-12　绘制组合体三视图的方法和步骤

5. 检查、描深

底稿画好后，应按形体逐个进行仔细检查，纠正错误，补画漏线，确认无误后用规定线型描深全图。描深时，为使图线连接光滑，可先描深圆弧，再描深直线。当几种图线重合时，一般按"粗实线、虚线、细点画线和细实线"顺序取舍。

例 4-1 绘制图 4-13a 所示导向块的三视图。

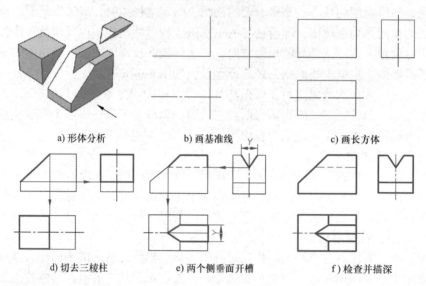

a) 形体分析	b) 画基准线	c) 画长方体
d) 切去三棱柱	e) 两个侧垂面开槽	f) 检查并描深

图 4-13 导向块三视图的画法

作图步骤如下：

1）形体分析。该组合体为一切割类组合体，它可看作是从长方体上挖切去两个基本形体而形成的，如图 4-13a 所示。

2）选择主视图的投射方向。以图 4-13a 中箭头所指方向为主视图的投射方向。

3）选择比例、确定图幅。

4）布置视图、画底稿。绘图时可以从组合体的基本轮廓画起，即先画出长方体的投影，再依次画出被挖切去部分的投影。画被挖切去的基本形体时，应从反映各基本形体形状特征的那个视图画起，再画其他视图。具体方法和步骤如图 4-13b ~ e 所示。

5）检查、描深。画出的组合体的三视图如图 4-13f 所示。

4.3 组合体的尺寸标注

视图只能反映机件的结构形状，要确定机件的大小还需要标注出其尺寸。

4.3.1 组合体尺寸标注的要求

组合体尺寸标注总的要求是：正确、完整、清晰、合理。

1）尺寸标注要正确。所注尺寸应严格遵守国家标准有关尺寸标注的规定，注写的尺寸数字要准确。

2）尺寸标注要完整。标注的尺寸要能确定出组合体各基本形体的大小和相对位置，不允许遗漏尺寸，也不要重复标注尺寸。

3）尺寸标注要清晰。尺寸的布置要整齐、清晰、恰当，以便读图。

4）尺寸标注要合理。尺寸标注要保证设计要求，便于加工和测量。

4.3.2 组合体尺寸的种类

要达到尺寸标注完整的要求，仍要应用形体分析法将组合体分解为若干基本形体，标注出各基本形体的大小和确定这些基本形体之间的相对位置尺寸，最后标注出组合体的总体尺寸。因此，组合体尺寸应包括下列三种：

1）定形尺寸：确定各基本形体形状大小的尺寸，如图4-14a所示。

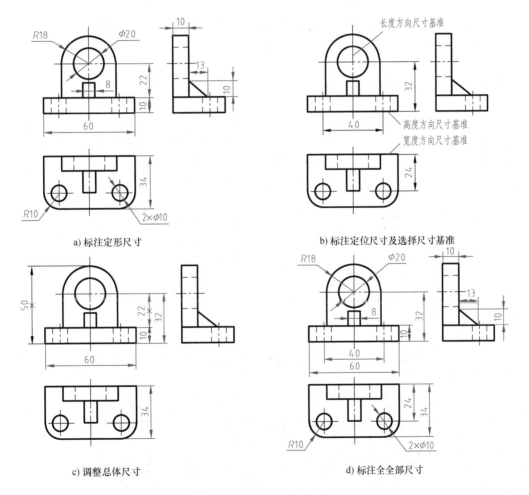

图 4-14 组合体尺寸分析与标注

2）定位尺寸：确定各基本形体之间相对位置的尺寸，如图4-14b所示。

3）总体尺寸：确定组合体的总长、总宽、总高的尺寸。组合体一般应标注出总体尺寸，但对于具有圆和圆弧结构的组合体，为明确圆弧的中心和孔的轴线位置，可省略该方向的总体尺寸，如图4-14c所示。

综上所述，标注定形尺寸、定位尺寸和总体尺寸时，应认真分析，避免多注或漏注尺寸。标注全全部尺寸如图4-14d所示。

4.3.3　尺寸基准及选择

标注尺寸的起点称为尺寸基准。

组合体具有长、宽、高三个方向的尺寸，每个方向至少应有一个尺寸基准，以便从基准出发，确定基本形体的定位尺寸。所选择的基准必须最能体现该组合体的结构特点，并能使尺寸度量方便。一般以组合体的对称中心线、回转体轴线和较大的端面作为尺寸基准，如图4-14b所示基准的选择。

4.3.4　组合体尺寸标注的注意事项

为了使组合体尺寸标注整齐、清晰，标注尺寸时要注意以下几个问题：

1）尺寸应尽量标注在表示形体特征最明显的视图上，如图4-15所示。

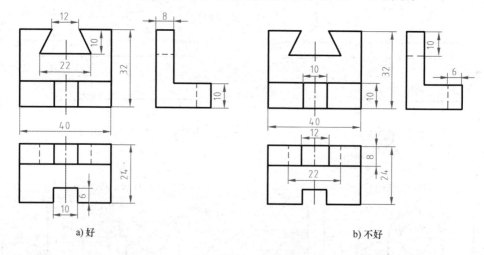

图4-15　尺寸应尽量标注在表示形体特征最明显的视图上

2）同一形体的尺寸应尽量集中标注，并尽量标注在该形体的两视图之间，以便读图，如图4-16所示。

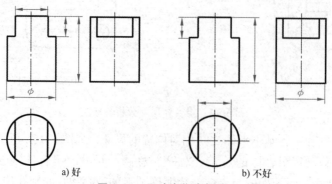

图4-16　尺寸应集中标注

3）标注同一方向的尺寸时，应排列整齐，尽量配置在少数几条线上，如图 4-17 所示。排列尺寸时，应将大尺寸排在小尺寸之外，避免尺寸线和其他尺寸的尺寸界线相交，以保持图面清晰，如图 4-18 所示。

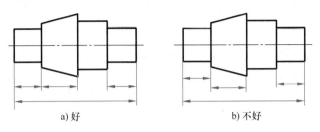

图 4-17　同一方向的尺寸标注

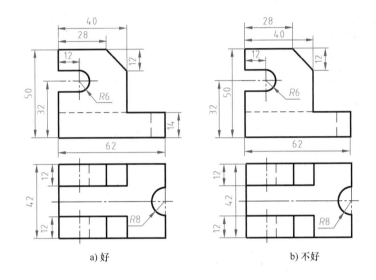

图 4-18　尺寸排列要清晰

4）回转体的尺寸一般应标注在投影为非圆的视图上，半径应标注在投影为圆弧的视图上，如图 4-19 所示。

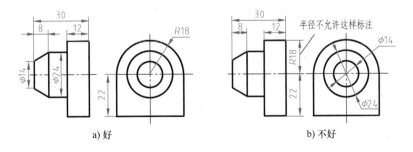

图 4-19　直径和半径的尺寸标注

5）尺寸尽量不标注在虚线上。

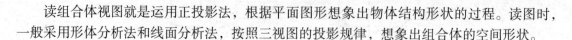

4.4　读组合体视图

读组合体视图就是运用正投影法，根据平面图形想象出物体结构形状的过程。读图时，一般采用形体分析法和线面分析法，按照三视图的投影规律，想象出组合体的空间形状。

4.4.1　读组合体视图的要点

1. 注意几个视图联系起来看

一般情况下，一个视图不能确定物体的形状。如图 4-20a ~ c 所示，三个主视图是相同的，但它们却表示形状完全不同的三个物体。有时两个视图也不能确定空间物体的唯一形状，如图 4-20d ~ f 所示，若只看主、俯视图，物体的形状仍然不能确定。左视图不同，物体的形状也不同。由此可见，看图时，不能只看一个或两个视图就下结论，必须把已知所有的视图联系起来看，分析、构思后才能想象空间物体的确切形状。

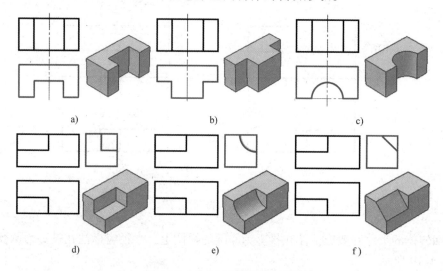

图 4-20　几个视图联系起来看

2. 弄清视图中线和线框的含义

图 4-21a 给出了物体的一个视图，可以想象出它是多种不同形状物体的投影，图 4-21b ~ e 仅表示了其中四种物体的形状。随着空间物体形状的改变，在同样一个视图上，它的每条线和每个封闭线框的含义是不同的。分析有下面几种情况：

1）视图上每个封闭的线框一般代表物体一个面（平面或曲面）的投影，或者是一个通孔的投影。如图 4-21a 中 A、B、C、D 表示物体前后不同位置平面或曲面的投影。又如图 4-22中主、俯视图上的圆形线框表示圆柱通孔的投影。

2）视图上每条图线可以是物体下列各要素之一的投影：

① 两个面交线的投影。如图 4-21a 所示视图上的直线 L，它可以是物体上两平面交线的投影，如图 4-21c 所示；也可以是平面与曲面交线的投影，如图 4-21d、e 所示。

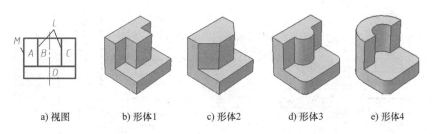

| a) 视图 | b) 形体1 | c) 形体2 | d) 形体3 | e) 形体4 |

图 4-21　分析视图中线和线框的含义

② 垂直面的投影。图 4-21a 所示视图上的直线 L 和 M 是物体上相应侧平面的投影，如图 4-21b 所示。

③ 曲面的转向轮廓线的投影。图 4-21a 所示视图上的直线 M 也可以是物体上圆柱的某一转向轮廓线的投影，如图 4-21e 所示。

3）视图上相邻的封闭线框表示组合体上相交或错开的两个面的投影。如图 4-21b 中的线框 C 和 B 表示为前后的两个面，图 4-21c 中的线框 C 和 B 表示为相交的两个面。

3. 善于抓住形状特征视图和位置特征视图

（1）形状特征视图　反映物体形状特征最充分的视图就是形状特征视图。图 4-20a、b、c 中的俯视图即为形状特征视图，找到这个视图，再与主视图联系起来，就能较快地想象出物体的形状。

如图 4-22 所示的组合体，可以看成由四个基本形体叠加而成。看形体 I 时，必须抓住俯视图中反映其形状特征的线框 1；看形体 II 和 III 时，必须抓住主视图中反映其形状特征的线框 2′和 3′；看形体 IV 时，必须抓住左视图中反映其形状特征的线框 4″。

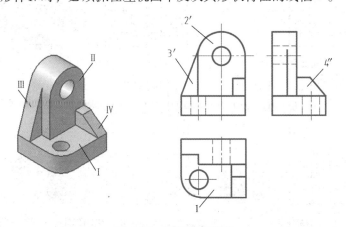

图 4-22　形状特征视图

（2）位置特征视图　反映组合体各组成部分之间位置最明显的视图就是位置特征视图。在图 4-23a 所示的主视图中，大线框中包含两个小线框（一个圆、一个矩形），如果只看主视图、俯视图，两个物体哪个凸出，哪个凹进去，可能有两种情况，不能确定其形状，如图 4-23b、c 所示。但如果将主视图、左视图联系起来看（图 4-23d），不仅形状容易想清楚，而且圆柱凸出、四棱柱凹进也就确定了，因此左视图是其位置特征视图。

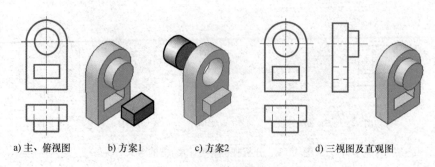

| a) 主、俯视图 | b) 方案1 | c) 方案2 | d) 三视图及直观图 |

图 4-23　位置特征视图

4.4.2　读组合体视图的基本方法

1. 形体分析法

读图的基本方法与画图一样,主要也是运用形体分析法。根据组合体视图的特点,将其大致分成几部分,然后逐个将每部分的几个投影进行分析,想出其形状,最后根据几部分的相互位置想象出物体的整体结构形状,这种读图方法称为形体分析法。下面以图 4-24a 所示的组合体视图为例介绍这种读图方法和步骤。

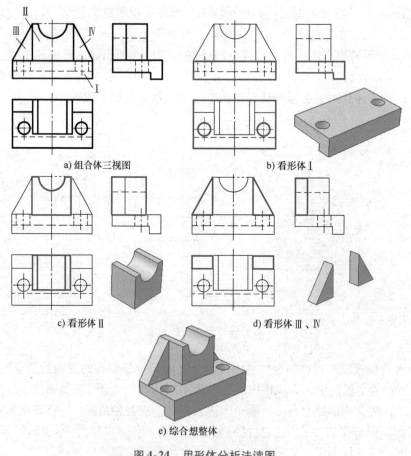

a) 组合体三视图　　　　　　　　　　b) 看形体Ⅰ

c) 看形体Ⅱ　　　　　　　　　　d) 看形体Ⅲ、Ⅳ

e) 综合想整体

图 4-24　用形体分析法读图

1）看视图，分线框。一般从反映形体特征最明显的主视图入手，通过分线框将组合体划分为几部分。如图 4-24a 所示，按线框将组合体分为Ⅰ、Ⅱ、Ⅲ、Ⅳ四部分。

2）对投影，想形状。按三视图的投影规律，在其他视图中找出各部分的对应投影，并根据每部分的三视图想象出其空间形状，如图 4-24b ~ d 所示。

3）综合起来想整体。确定出各部分形体的形状后，再根据三视图，分析它们之间的相对位置和表面间的连接关系，就可以综合想象出组合体的整体形状，如图 4-24e 所示。

2. 线面分析法

在一般情况下，用形体分析法读图比较方便。但对于一些较为复杂的物体，它的一些局部的投影需要应用另外一种方法识读，即线面分析法。

组合体也可以看成是由若干面（平面或曲面）、线（直线或曲线）围成的。因此，线面分析法就是把组合体分解为若干面、线，并确定它们之间的相对位置，以及它们与投影面的相对位置，以想象出物体形状的方法。

图 4-25 所示为用线面分析法读图的示例，该组合体是由一个四棱柱挖切而形成的。

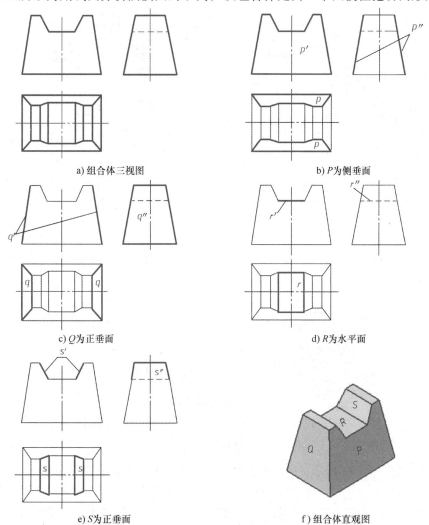

a) 组合体三视图　　　　　　　　b) P为侧垂面

c) Q为正垂面　　　　　　　　d) R为水平面

e) S为正垂面　　　　　　　　f) 组合体直观图

图 4-25　用线面分析法读图

3. 补视图、补漏线

补视图、补漏线就是根据已知的视图，通过分析想象出立体的形状和结构，并经过试补、调整和验证，补画出所缺的视图或漏线。补视图、补漏线是提高读图能力和空间想象力的方法之一，也是培养工程技术人员综合读图能力的主要途径。

例 4-2 如图 4-26a 所示，已知组合体的主、俯视图，补画其左视图。

作图步骤如下：

1）形体分析。由图 4-26a 可以看出，该组合体由三部分形体构成，各部分形状和投影如图 4-26b 所示。

2）综合想整体。根据各部分形状和相互位置，综合想象出整体形状，如图 4-26c 所示。

3）补画左视图。根据组合体形状和三等规律，逐个补画各形体的左视图，如图 4-26d 所示。

4）检查、描深。

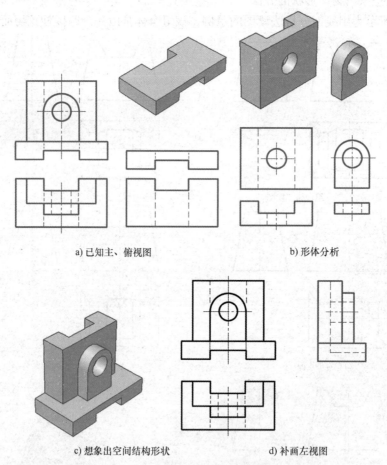

a) 已知主、俯视图　　　　　　　　　　b) 形体分析

c) 想象出空间结构形状　　　　d) 补画左视图

图 4-26　补画左视图的方法和步骤

例 4-3 如图 4-27a 所示，已知组合体压块的主、俯视图，补画其左视图。

作图步骤如下：

1）形体分析。由图 4-27a 可以看出，该组合体是由四棱柱挖切而形成的。

2）用线面分析法分析各表面的形状及相对投影面的位置，想象立体形状，如图 4-27b 所示。

3）根据各种位置面的投影特性及投影规律补画左视图，如图 4-28 所示。

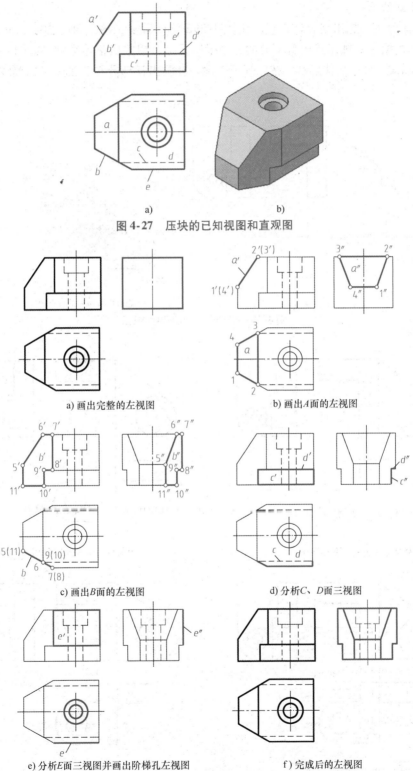

图 4-27　压块的已知视图和直观图

a) 画出完整的左视图　　　　　b) 画出A面的左视图

c) 画出B面的左视图　　　　　d) 分析C、D面三视图

e) 分析E面三视图并画出阶梯孔左视图　　　　f) 完成后的左视图

图 4-28　根据各种位置面的投影特性及投影规律补画左视图

例4-4   如图4-29a所示,补画组合体三视图中缺漏的图线。

作图步骤如下:

1)形体分析,想出组合体形状。由图4-29a可以看出,该组合体由Ⅰ、Ⅱ、Ⅲ、Ⅳ四部分组成,根据三等规律找出各部分的三个投影,综合想象出整体形状,如图4-29b所示。

2)补漏线。根据物体形状,按三等规律逐一补画出各部分在三视图中的漏线,如图4-30所示。

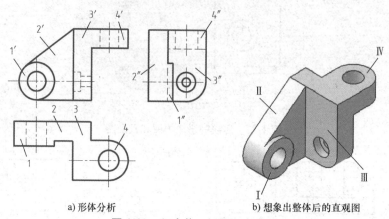

a) 形体分析   b) 想象出整体后的直观图

图4-29   组合体三视图和直观图

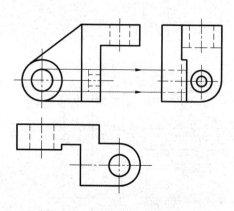

a) 补画左视图中Ⅰ形体的漏线

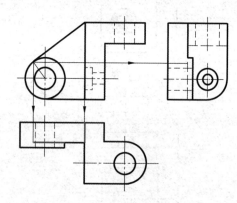

b) 补画俯视图和左视图中Ⅱ形体的漏线

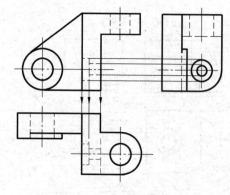

c) 补画俯视图中Ⅲ形体的漏线

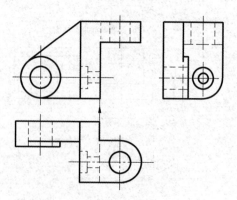

d) 补画主视图中Ⅳ形体的漏线

图4-30   补画组合体三视图中缺漏的图线

复习思考题

4-1　什么是组合体？组合体有哪几种组合形式？

4-2　组合体相邻表面之间的连接关系有哪些？

4-3　组合体三视图是指哪三个视图？三视图之间的"三等"关系可以简化为哪九个字？

4-4　组合体的每个视图可以反映哪几个方位关系？如何分辨前后方位？

4-5　绘制组合体视图的基本方法是什么？应如何画组合体的视图？

4-6　组合体尺寸标注总的要求是什么？

4-7　组合体的尺寸分为哪几种？

4-8　标注组合体尺寸的基本方法是什么？应如何标注组合体的尺寸？

4-9　读组合体视图的要点是什么？

4-10　读组合体的视图有哪几种方法？应以哪种方法为主？

第5章
CHAPTER 5

轴 测 图 ◀

在机械图样中，主要是通过视图和尺寸来表达物体的形状和大小。但视图是采用正投影法绘制的二维图形，立体感不强，需要具备一定识图能力的人才能看懂，如图 5-1a 所示，有时在工程上还需采用一种立体感较强的图，如图 5-1b 所示。这种能同时反映物体长、宽、高三个方向形状的、富有立体感的图即为轴测图。

【学习重点】

1. 掌握轴测图的基本知识。
2. 掌握绘制正等轴测图的方法。
3. 掌握绘制斜二等轴测图的方法。

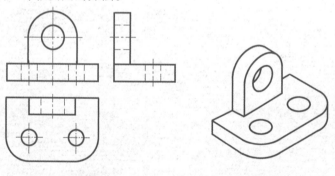

a) 正投影图   b) 轴测图

图 5-1 正投影图与轴测图的比较

5.1 轴测图的基本知识

5.1.1 轴测图概述

1. 轴测图的形成

如图 5-2 所示，将物体连同确定位置的直角坐标系，按投射方向 S 用平行投影法投影到某一选定的投影面上所得到的具有立体感的图形，称为轴测投影图，简称轴测图。在轴测图中，选定的投影面 P 称为轴测投影面。

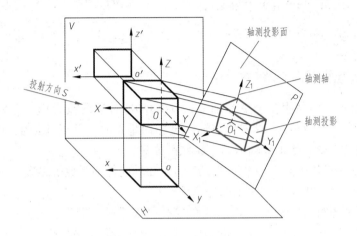

图5-2 轴测图的形成

2. 轴间角和轴向伸缩系数

把空间直角坐标轴 OX、OY、OZ 在轴测投影面上的投影称为轴测轴，如图5-2所示的 O_1X_1、O_1Y_1 和 O_1Z_1 轴。把两轴测轴间的夹角称为轴间角，如图5-2所示的 $\angle X_1O_1Y_1$、$\angle Y_1O_1Z_1$ 和 $\angle X_1O_1Z_1$。轴测轴上的单位长度与空间直角坐标轴上对应单位长度的比值，称为轴向伸缩系数，并分别用 p_1、q_1、r_1 表示 OX、OY、OZ 轴的轴向伸缩系数。

5.1.2 轴测图的种类

根据轴测投射方向与轴测投影面的夹角不同，轴测图可分为如下两种：

1）正轴测图：轴测投射方向（投射线）与轴测投影面垂直时投影所得到的轴测图。

2）斜轴测图：轴测投射方向（投射线）与轴测投影面倾斜时投影所得到的轴测图。

按轴向伸缩系数的不同，轴测图可分为如下几种：

1）正（或斜）等轴测图：$p_1 = q_1 = r_1$，简称正（或斜）等测。

2）正（或斜）二等轴测图：$p_1 = r_1 \neq q_1$，简称正（或斜）二测。

3）正（或斜）三等轴测图：$p_1 \neq q_1 \neq r_1$，简称正（或斜）三测。

在轴测图中，工程上应用最广泛的是正等测和斜二测。

5.1.3 轴测图的基本性质

轴测投影属于平行投影，因此轴测投影仍具有平行投影的如下基本性质：

1）物体上与坐标轴平行的线段，在轴测图中也必定平行于相应的轴测轴。

2）物体上互相平行的线段，在轴测图中仍然相互平行。

5.2 正等轴测图

5.2.1 正等轴测图的形成及参数

如图 5-3a 所示，如果使三个坐标轴 *OX*、*OY*、*OZ* 对轴测投影面处于倾角都相等的位置，即将图中立方体的对角线 *AO* 放成与轴测投影面垂直时，并以 *AO* 的方向作为轴测投射方向，得到的轴测投影就是正等轴测图，简称正等测。

图 5-3b 所示为正等轴测图的轴测轴、轴间角和轴向伸缩系数等参数。从图中可以看出，正等测的轴间角均为 120°，且三个轴向伸缩系数相等。经计算可知 $p_1 = q_1 = r_1 = 0.82$。为使作图简便，实际画图时采用 $p_1 = q_1 = r_1 = 1$ 的简化伸缩系数，即沿各轴向的所有尺寸都按物体上相应线段的实际长度作图，虽然这样画出的图形比实际物体放大了，但形状和立体感都没发生变化。

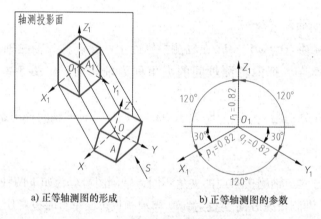

a) 正等轴测图的形成　　b) 正等轴测图的参数

图 5-3　正等轴测图的形成及参数

5.2.2 平面立体正等轴测图的画法

画轴测图的方法有坐标法、切割法和叠加法。其中坐标法是基础，这些方法也适用于其他轴测图的绘制。在实际作图中，要根据立体的形状特点，综合运用这几种方法。

1. 坐标法

根据平面立体各个顶点的坐标，分别绘制出相应点的轴测投影，最后依次连接形成轴测图的方法称为坐标法。坐标法不但适用于平面立体，而且适用于曲面立体。

例 5-1　绘制长方体的正等轴测图。

在三视图上选择长方体底面的一个顶点为坐标系原点，并以过该顶点的三条棱线为坐标轴，如图 5-4a 所示。作图时先画出轴测轴 O_1X_1、O_1Y_1、O_1Z_1，然后分别在 O_1X_1、O_1Y_1 轴上按照三视图给出的长、宽尺寸量取相应值，确定长方体底面各顶点的轴测投影；再根据长方体高度，按照轴测图的平行性画出各棱线，并确定顶面各顶点的轴测投影；最后依次连接可见点，加深，即可完成长方体的正等轴测图，其作图步骤如图 5-4b ~ f 所示。

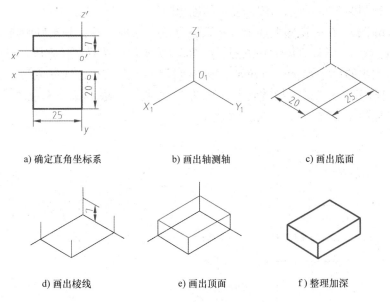

a) 确定直角坐标系　　　　b) 画出轴测轴　　　　c) 画出底面

d) 画出棱线　　　　e) 画出顶面　　　　f) 整理加深

图 5-4　长方体正等轴测图的画法

例 5-2　绘制正六棱柱的正等轴测图。

由于正六棱柱前后、左右对称，故选择顶面的中点为坐标系原点，其坐标轴选择如图 5-5a 所示。作图时先画出轴测轴 O_1X_1、O_1Y_1、O_1Z_1，然后根据三视图中顶面各顶点的尺寸确定顶面各顶点的轴测投影，再量取棱高，画出各棱线，并确定出底面各顶点的轴测投影，最后依次连接各可见点，加深，即可得正六棱柱的正等轴测图。其作图步骤如图 5-5b ~ e 所示。

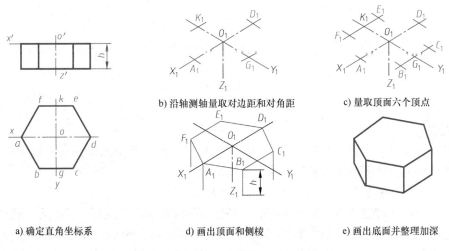

b) 沿轴测轴量取对边距和对角距　　　　c) 量取顶面六个顶点

a) 确定直角坐标系　　　　d) 画出顶面和侧棱　　　　e) 画出底面并整理加深

图 5-5　正六棱柱正等轴测图的画法

2. 切割法

切割法是画正等轴测图的另一种常用画法。先画出完整基本体的轴测图，然后按其结构逐个切去多余部分，进而完成组合体的轴测图，这种方法称切割法。

例5-3 绘制图5-6a所示切割体的正等轴测图。

如图5-6a所示，在三视图上选定坐标系原点及坐标轴位置；画出轴测轴后，先按尺寸80mm、70mm、60mm画长方体的轴测图，如图5-6b所示；然后在长方体的对应棱线及平行线上按照三视图中的尺寸25mm、40mm、20mm量取各点，依次连线完成第一次切割，如图5-6c所示；同理完成水平板上槽的切割，如图5-6d所示，最后擦去多余图线并加深图线，即可完成切割体的正等轴测图，如图5-6e所示。

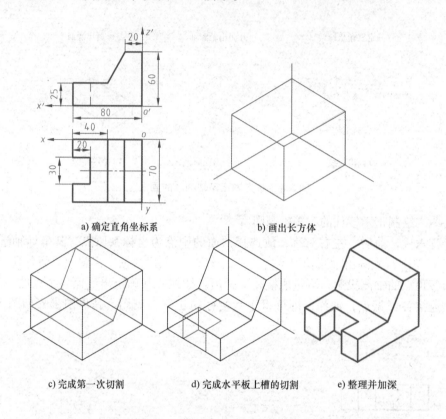

a) 确定直角坐标系   b) 画出长方体

c) 完成第一次切割   d) 完成水平板上槽的切割   e) 整理并加深

图5-6 切割法画组合体的正等轴测图

3. 叠加法

先将组合体分解成若干个基本形体，然后按其相对位置逐个画出各基本形体的轴测图，进而完成组合体的轴测图，这种方法称为叠加法。

例5-4 绘制图5-7a所示组合体的正等轴测图。

用形体分析法将组合体分解为两部分，即长方体底板和凹形立板。首先在三视图中选定坐标系原点和坐标轴位置，如图5-7a所示。画出轴测轴后，根据三视图中的尺寸，画底板长方体的轴测图；再根据立板与长方体底板的相对位置和尺寸，在底板的上表面绘制凹形立板的下底面；然后量取立板的高度，完成凹形立板的轴测投影；最后擦去多余图线并加深图线，即完成组合体的正等轴测图，其作图步骤如图5-7b～e所示。

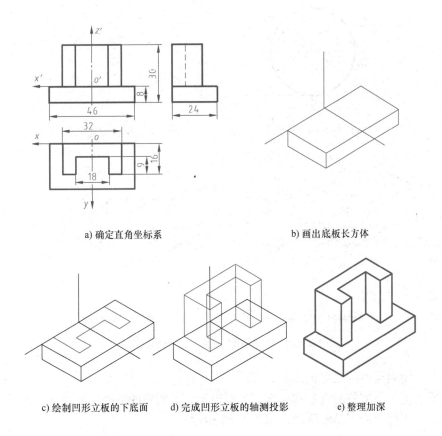

a) 确定直角坐标系　　　　　　　　b) 画出底板长方体

c) 绘制凹形立板的下底面　　d) 完成凹形立板的轴测投影　　　e) 整理加深

图 5-7　叠加法画组合体的正等轴测图

5.2.3　曲面立体正等轴测图的画法

　　绘制曲面立体的正等轴测图，关键是要掌握圆的正等轴测图画法。

　　平行于坐标面的圆，其正等轴测图均是椭圆，可分别称为水平椭圆、正面椭圆及侧面椭圆。

　　水平椭圆的长轴垂直于 O_1Z_1 轴，短轴平行于 O_1Z_1 轴；正面椭圆的长轴垂直于 O_1Y_1 轴，短轴平行于 O_1Y_1 轴；侧面椭圆的长轴垂直于 O_1X_1 轴，短轴平行于 O_1X_1 轴，如图 5-8 所示。

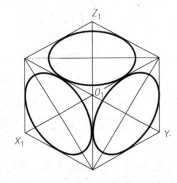

　　圆的正等轴测图一般采用四心圆法近似作椭圆画出，以水平椭圆为例，其作图方法与步骤如图 5-9 所示。

图 5-8　平行于各坐标面圆的正等轴测图

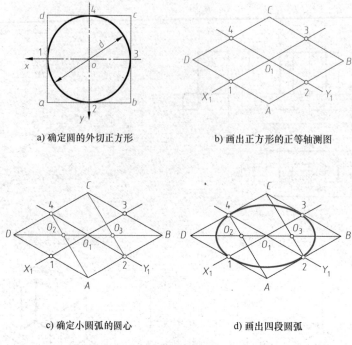

a) 确定圆的外切正方形　　　　b) 画出正方形的正等轴测图

c) 确定小圆弧的圆心　　　　d) 画出四段圆弧

图 5-9　四心圆法画圆的正等轴测图

例 5-5　绘制圆台的正等轴测图。

根据圆台上、下底圆的直径和高度，先画出上、下底圆的轴测投影椭圆，然后作两椭圆的公切线，即得圆台的正等轴测图，如图 5-10 所示。

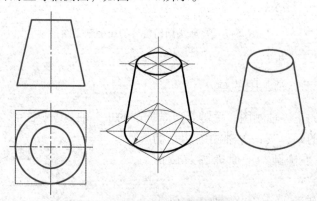

图 5-10　圆台的正等轴测图画法

例 5-6　绘制图 5-11a 所示底板上圆角的正等轴测图。

组合体中常见有圆角的底板，掌握其画法，有利于绘制组合体的轴测图。圆角的绘图方法和步骤如下：

1）先绘制长方体的轴测图，并按圆角半径 R 在顶面相应的边线上找出切点 1、2 和 3、4，如图 5-11b 所示。

2）过切点 1、2 和 3、4 分别作切点所在边线的垂线，求得交点 O_1、O_2，如图 5-11c 所示。

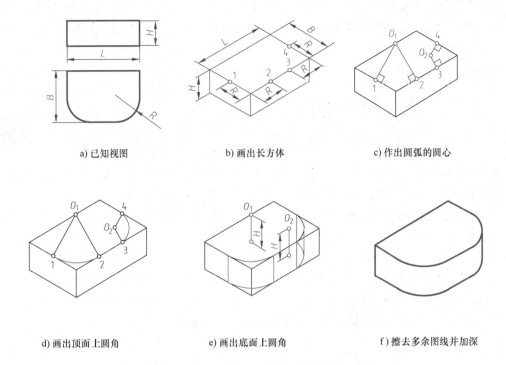

a) 已知视图　　　　　　b) 画出长方体　　　　　　c) 作出圆弧的圆心

d) 画出顶面上圆角　　　e) 画出底面上圆角　　　　f) 擦去多余图线并加深

图5-11　圆角正等轴测图的画法

3）分别以 O_1、O_2 为圆心，$O_1 1$、$O_2 3$ 为半径画圆弧，如图5-11d所示。

4）将顶面圆角的圆心 O_1、O_2 及切点向下平移板厚 H，再用与顶面圆弧相同的半径分别画圆弧，并作出对应圆弧的公切线，如图5-11e所示。

5）擦去多余图线，加深，即完成圆角的正等轴测图，如图5-11f所示。

例5-7　绘制图5-12a所示支座的正等轴测图。

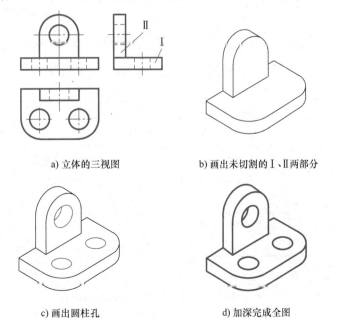

a) 立体的三视图　　　　　　b) 画出未切割的Ⅰ、Ⅱ两部分

c) 画出圆柱孔　　　　　　　d) 加深完成全图

图5-12　支座正等轴测图的画法

该组合体可以看成是由底板 I 和背板 II 叠加而成的。画图时先画底板，再画背板，即将各部分的轴测图按一定的相对位置叠加起来，即得组合体的正等轴测图。其作图方法和步骤如图 5-12b ~ d 所示。

5.3 斜二等轴测图

如图 5-13a 所示，将形体放置成使它的一个坐标面平行于轴测投影面，然后用斜投影的方法向轴测投影面进行投影，得到的轴测图称为斜二等轴测图，简称斜二测。

斜二等轴测图的轴测轴、轴间角和轴向伸缩系数等参数如图 5-13b 所示。从图中可以看出，轴间角 $\angle X_1 O_1 Y_1 = \angle Y_1 O_1 Z_1 = 135°$，$\angle X_1 O_1 Z_1 = 90°$；轴向伸缩系数 $p_1 = r_1 = 1$，$q_1 = 0.5$。

斜二等轴测图的特点是：物体上凡是平行于 XOZ 面的表面，其轴测投影反映实形。利用这一特点，当物体在某一个方向上互相平行的平面内形状比较复杂（或圆、圆弧较多）时，使其与 XOZ 面平行，能比较简单容易地画出斜二等轴测图。

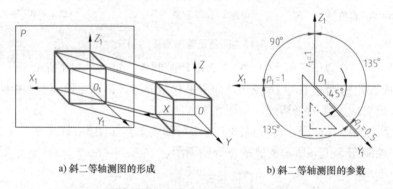

a) 斜二等轴测图的形成   b) 斜二等轴测图的参数

图 5-13 斜二等轴测图的形成及参数

例 5-8 如图 5-14a 所示，根据视图绘制组合体的斜二等轴测图。

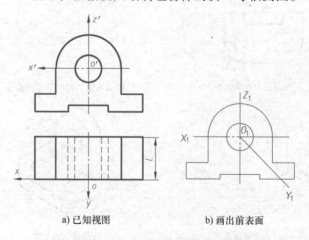

a) 已知视图   b) 画出前表面

图 5-14 组合体斜二等轴测图的画法

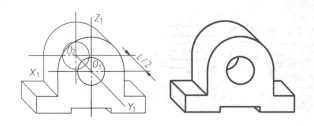

c) 沿 O_1Y_1 方向定位并画出后表面及棱线   d) 完成后的斜二等轴测图

图 5-14 组合体斜二等轴测图的画法（续）

画斜二等轴测图时，通常从最前面的面开始，沿 Y_1 轴方向分层定位，在 $X_1O_1Z_1$ 轴测面上定形，注意 Y 轴方向的伸缩系数为 0.5。组合体斜二等轴测图的画法如图 5-14 所示。

复习思考题

5-1 轴测图是怎样形成的？

5-2 什么是轴测轴、轴间角和轴向伸缩系数？

5-3 常用的轴测图有哪两种？

5-4 轴测图的基本性质是什么？

5-5 正等轴测图中的轴间角均为多少度？轴向伸缩系数是多少？简化后的轴向伸缩系数又是多少？

5-6 正等轴测图的三个轴测轴如何绘制？

5-7 平面立体正等轴测图的画法有哪几种？

5-8 曲面立体正等轴测图中的圆如何绘制？

5-9 斜二等轴测图中的轴间角各为多少度？轴向伸缩系数是多少？

5-10 斜二等轴测图的三个轴测轴如何绘制？

5-11 斜二等轴测图适合表达何种形状结构的物体？

第6章

CHAPTER 6

机件的表达方法

在工程实际中，机件的结构和形状是多种多样的。为了完整、清晰、准确地表达机件，国家标准《技术制图》与《机械制图》规定了机件的各种表达方法。本章主要介绍国家标准中机件的常用表达方法：视图、剖视图、断面图、局部放大图以及简化画法等，这些内容是学习零件图和装配图的基础。

【学习重点】

1. 掌握视图、剖视图、断面图和局部放大图的画法及标注。
2. 了解常用的简化画法。
3. 了解第三角画法。

6.1 视图

机件向投影面投射所得到的图形称为视图，视图（GB/T 14692—2008　GB/T 4458.1—2002）主要用于表达机件的外部结构和形状。视图分为基本视图、向视图、局部视图和斜视图。

6.1.1 基本视图

机件的结构比较复杂时，为了将各个方向的形状和结构表达清楚，需要在原有三个投影面的基础上，在机件的前方、上方和左方再各增加一个投影面，形成一个由六个投影面围成的六面体，该六面体中的六个投影面称为基本投影面。将物体置于该六面体中，由六个方向分别向基本投影面投影，即在主视图、俯视图、左视图的基础上，又得到了右视图、仰视图和后视图，如图 6-1a 所示。

将机件向基本投影面投影，得到的六个视图称为基本视图。六个基本视图如下：

1）主视图：由前向后投射所得的视图。

2）俯视图：由上向下投射所得的视图。

3）左视图：由左向右投射所得的视图。

4）右视图：由右前左投射所得的视图。

5）仰视图：由下向上投射所得的视图。

6）后视图：由后向前投射所得的视图。

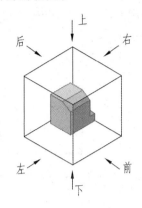

a) 六个基本投影面

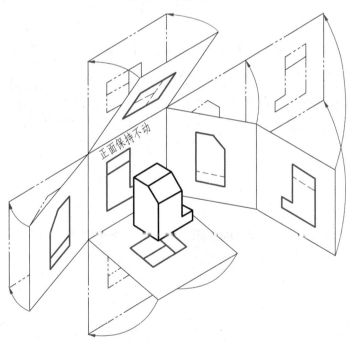

b) 六个基本投影面的展开

图6-1 六个基本视图的形成

为使六个基本视图位于同一个平面上，需要将六个基本投影面展开，如图6-1b所示，正立投影面不动，其余各投影面按箭头所示方向旋转展开至与正立投影面共面的位置，即得到绘制于同一平面上的六个基本视图。

六个基本视图一般应按图6-2所示的位置关系配置，一律不标注视图名称。按规定位置配置的各视图之间仍保持"长对正、高平齐、宽相等"的"三等"投影规律，即主、俯、仰、后视图，长对正；主、左、右、后视图，高平齐；俯、左、仰、右视图，宽相等。

六个基本视图也反映了机件的上下、左右、前后方位关系。值得注意的是，左、右、俯、仰四个视图靠近主视图的一侧是机件的后面，远离主视图的一侧是机件的前面。因为后视图在投影面展开时旋转了180°，所以左右方位应与感知的方位相反。

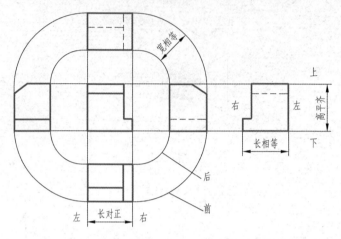

图6-2　基本视图及位置、投影、方位关系

实际绘制机械图样时，不是任何机件都需要绘制六个基本视图，而是根据机件的结构特点和复杂程度，选用必要的基本视图。一般情况下，优先选用主、左、俯三视图，而且必须有主视图。在完整、清晰地表达机件结构形状的前提下，应力求绘图简单，读图方便。如图6-3a所示的机件，可采用主、左、右三个基本视图表达，如图6-3b所示。

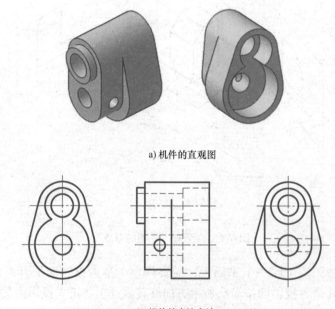

a) 机件的直观图

b) 机件的表达方法

图6-3　基本视图的应用

6.1.2　向视图

向视图是可以自由配置的视图。

国家标准规定的六个基本视图的配置关系可以很方便地确认各个视图的名称，而且有利于读图。当某个基本视图需要移动到其他位置时，改变其配置位置，即可绘制为向视图。向视图必须标注，如图6-4所示。

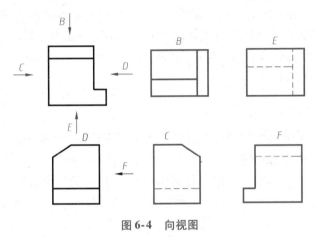

图6-4　向视图

向视图的标注方法如下：

1）向视图的上方必须标注视图名称"×"（其中"×"为大写拉丁字母）。

2）在相应的视图附近用箭头指明投射方向，并注上相同的字母。

6.1.3　局部视图

局部视图是将机件的某一部分向基本投影面投射所得的视图。用局部视图替代基本视图可以避免重复表达且简化作图，能更清晰地补充基本视图未能表达清楚的局部结构和形状。

如图6-5a所示的机件，当采用土、俯两个基本视图表达机件时，还有两侧的局部结构

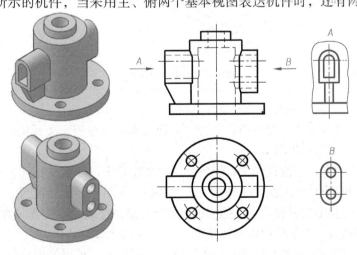

a) 机件的直观图　　　　　　　b) 基本视图和局部视图

图6-5　局部视图

尚未表达清楚，可以采用两个局部视图代替左视图和右视图进行补充表达，以简化作图，减少基本视图的数量，如图 6-5b 所示。

局部视图的配置、标注和画法如下：

1）局部视图可按基本视图和向视图配置，按向视图的标注方法标注。当按基本视图配置，中间又没有其他图形隔开时，可以省略标注，如图 6-5b 所示的 A 向局部视图便可不标注；当按向视图配置时，必须标注，如图 6-5b 所示的 B 向局部视图。

2）局部视图的断裂边界通常用波浪线表示，如图 6-5b 所示的 A 向局部视图。但应注意：波浪线只能画在机件轮廓线内有实体的断痕处，不能画在中空处。

3）当局部视图所表示的局部结构是完整的，且外轮廓又封闭时，波浪线可省略不画，如图 6-5b 所示的 B 向局部视图。

6.1.4 斜视图

斜视图是机件向不平行于任何基本投影面的平面投射所得的视图。

当机件的局部结构与基本投影面倾斜时，用基本视图不能表达其真实形状时，可设立一个与倾斜部分平行且垂直于某一个基本投影面（如 V 面）的辅助投影面，将倾斜部分向该投影面投射，可得到反映倾斜部分真实形状的视图，即斜视图，如图 6-6 所示。

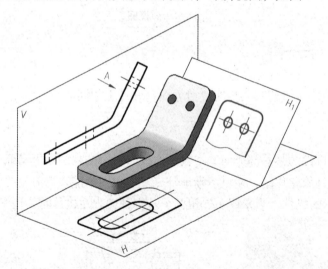

图 6-6　斜视图的概念

斜视图的配置、标注和画法如下：

1）斜视图可以按照辅助投影面展开到与 V 面共面时符合投影关系的位置配置，也可以移动和旋转配置，如图 6-7 所示。

2）斜视图必须标注。按投影关系配置时，需要用带字母的箭头指明投射方向，并在斜视图的上方标注相应的字母表示视图的名称，如图 6-7a 所示。旋转配置时，除了表明投射方向外，还需在斜视图上方表示名称的字母前或字母后加注表示旋转方向的旋转符号，必要时还可在表示视图名称的字母后面加注角度，如图 6-7b 所示。

3）旋转符号的画法如图 6-8 所示。斜视图旋转配置时，可以沿顺时针或逆时针方向旋转，但旋转符号的箭头要靠近字母，旋转符号的旋转方向要与实际旋转方向一致。

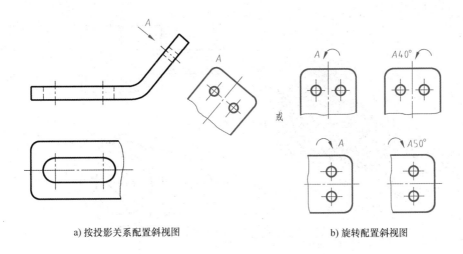

a) 按投影关系配置斜视图　　　　　　　　b) 旋转配置斜视图

图 6-7　斜视图的配置、标注及画法

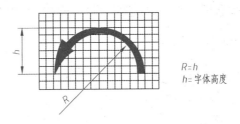

$R=h$
$h=$ 字体高度

图 6-8　旋转符号的画法

斜视图一般只用于表达机件倾斜部分的真实结构形状，因此不需要表达的结构应用波浪线断开不必画出。

6.2　剖视图

当机件的内部结构比较复杂时，在视图中就会出现较多的虚线，这些虚线的存在既不利于读图又不便于标注尺寸，如图 6-9 所示，因此常用剖视图（GB/T 17452—1998）表达机件的内部结构。

6.2.1　剖视图的概念

1. 剖视图的形成

如图 6-10 所示，假想用剖切面剖开机件，将处在观察者和剖切面之间的部分移去，将剩余部分向投影面投射，并在剖面区域绘制剖面符号所得的图形称为剖视图，简称剖视。剖

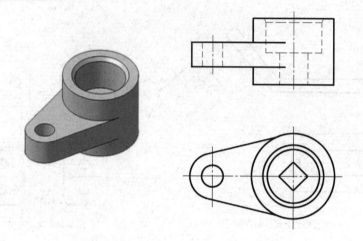

图 6-9　机件的视图

切机件的假想平面或曲面称为剖切面，剖切面与机件的接触部分称为剖面区域。

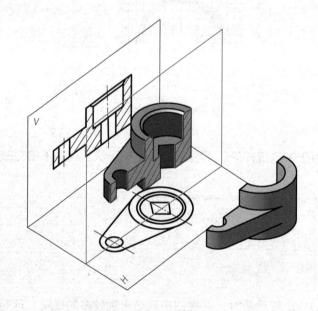

图 6-10　剖视图的形成

2. 剖面区域表示法（GB/T 4457.5—2013）

在剖视图中，剖切面与机件的剖面区域内应绘制剖面符号，因机件的材料不同，剖面符号也不相同。画图样时应采用国家标准中规定的剖面符号，各种材料的剖面符号见表 6-1。

表 6-1　各种材料的剖面符号

金属材料 （已有规定剖面符号者除外）		木质胶合板 （不分层数）	
线圈绕组元件		基础周围的泥土	
转子、电枢、变压器和 电抗器等的叠钢片		混凝土	
非金属材料 （已有规定剖面符号者除外）		钢筋混凝土	
型砂、填砂、粉末冶金、砂 轮、陶瓷刀片、硬质合金 刀片等		砖	
玻璃及供观察用的 其他透明材料		格网 （筛网、过滤网等）	
木材	纵断面	液体	
	横断面		

注：1. 剖面符号仅表示材料的类型，材料的名称和代号另行注明。

　　2. 叠钢片的剖面线方向应与束装中叠钢片的方向一致。

　　3. 液面用细实线绘制。

在机械图样中，当不需在剖面区域中表示材料的类别时，所有材料的剖面符号均可采用与金属材料相同的通用剖面线表示。

剖面线用细实线绘制。对于同一机件图形中的各个剖面区域，其剖面线应画成间隔相等、方向相同且一般与剖面区域的主要轮廓或对称线成45°的平行线。必要时，剖面线也可画成与主要轮廓线成适当角度，如图 6-11 所示。

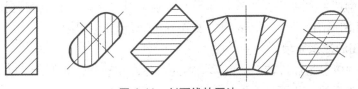

图 6-11　剖面线的画法

6.2.2　剖视图的画法及标注

1. 剖视图的画法

以图 6-10 所示的机件为例，绘制剖视图的方法和步骤如下：

1）确定剖切面的位置。为了清楚地表达机件内部结构的真实形状，避免剖切后产生不完整的结构要素，剖切面应与投影面平行且通过机件的对称面或轴线。

2）画出剖面区域的轮廓线。按照投影关系，对应画出剖面区域的轮廓线，如图 6-12a 所示。

3）画出剖切面后面所有可见轮廓线。为了使剖视图清晰地反映机件上需要表达的结构，必须省略不必要的虚线，如图 6-12b 所示。

4）在剖面区域中画出剖面线，如图 6-12c 所示。

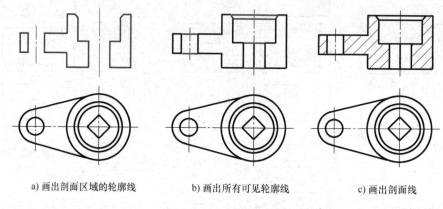

a) 画出剖面区域的轮廓线   b) 画出所有可见轮廓线   c) 画出剖面线

图 6-12   剖视图的画法

2. 剖视图的标注

剖视图的标注应包括以下三个要素：

1）剖切线：指示剖切面的位置，用细点画线表示，画在剖切符号之间，通常可省略不画。

2）剖切符号：指示剖切面起、讫和转折位置及投射方向的符号。剖切面起、讫和转折位置用粗短画表示，不能和图形的轮廓线相交，投射方向用箭头表示。

3）字母：在剖视图的上方用大写字母标出剖视图的名称"×—×"。在剖切面起、讫和转折位置标注与剖视图名称相同的字母。如图 6-13 所示的"*B—B*"剖视图。

在下列情况下，剖视图可以适当地省略标注：

1）当剖视图按投影关系配置，中间又没有其他图形隔开时，可省略箭头，如图 6-13 所示的"*A—A*"剖视图。

2）当单一剖切平面通过机件的对称平面或基本对称平面，且剖视图按投影关系配置，中间又没有其他图形隔开时，可不标注，如图 6-13 所示的主视图。

3. 画剖视图的注意事项

1）剖切平面应尽量通过较多的内部结构的对称面和轴线，并平行于选定的投影面。

2）剖切是假想的，并不是将机件真的剖开了，因此除剖视图之外，其他视图都应完整画出。

3）剖切面后面的可见轮廓线应全部画出，不能遗漏；剖视图中一般不画不可见的轮廓线，只有在无法表达清楚机件的结构时，才画出必要的虚线。

4）在表达同一机件的多个剖视图中，剖面线的方向和间隔应保持一致。

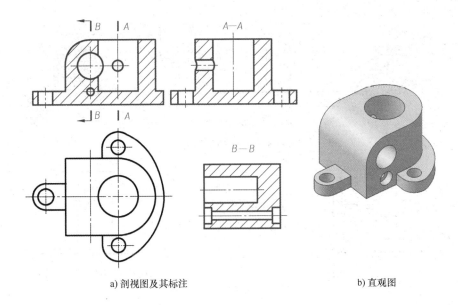

a) 剖视图及其标注　　　　　　　　b) 直观图

图6-13　剖视图的标注

6.2.3　剖视图的种类 (GB/T 4458.6—2002)

剖视图可分为全剖视图、半剖视图和局部剖视图。

1. 全剖视图

用剖切面完全地剖开机件所得的剖视图称为全剖视图，如图6-14所示。全剖视图用于表达外形简单而内部形状复杂的不对称机件或外形简单的对称机件。

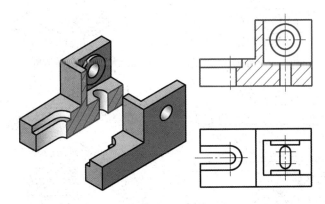

图6-14　全剖视图

2. 半剖视图

当机件具有对称面时，向垂直于对称平面的投影面投射所得的图形，以对称中心线为界，一半画成剖视图，另一半画成视图，这种组合的图形称为半剖视图，简称半剖视，如图6-15所示。

半剖视图既表达了内部结构，又保留了外部形状，因此适用于内外形状都需要表达的对称机件。

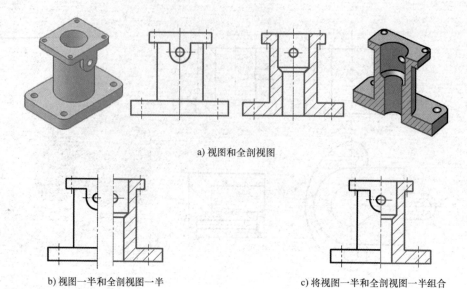

a) 视图和全剖视图

b) 视图一半和全剖视图一半

c) 将视图一半和全剖视图一半组合

图 6-15　半剖视图的概念

画半剖视图的注意事项如下：

1）在半剖视图中，半个视图和半个剖视图的分界线是机件的对称线，必须是细点画线。

2）因为图形对称，机件的内部形状已在半个剖视图中表达清楚，所以在表达外形的半个视图中，细虚线应省略不画。

3）半剖视图的标注与全剖视图相同，如图 6-16 所示。剖切时认为全部剖开，画图时视图和剖视图各取一半画出。

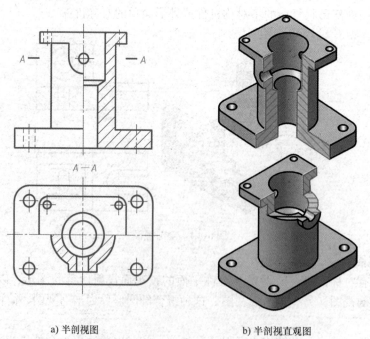

a) 半剖视图

b) 半剖视直观图

图 6-16　用半剖视图表达对称机件

3. 局部剖视图

用剖切面局部地剖开机件所得的剖视图称为局部剖视图。

用视图表达箱体如图 6-17 所示。为了更清晰地表达箱体的内部和外部结构，可以采用局部剖视图表达箱体，如图 6-18 所示。

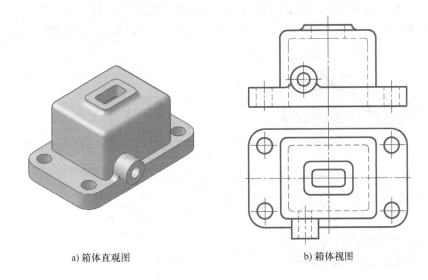

a) 箱体直观图　　　　　　　　　　b) 箱体视图

图 6-17　用视图表达箱体

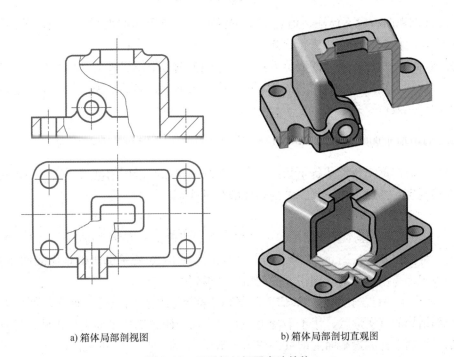

a) 箱体局部剖视图　　　　　　　　b) 箱体局部剖切直观图

图 6-18　用局部剖视图表达箱体

局部剖视图常用于内、外结构都要表达的不对称机件，或不宜作半剖视的机件，如机件上的孔、槽等。

在局部剖视图中，剖视与视图之间的分界线为波浪线，波浪线表示机件不规则断裂的边界线。

画局部剖视图的注意事项如下：

1）波浪线不能与视图中的轮廓线重合，也不能画在其延长线上。

2）波浪线不能超出视图的轮廓线，只能画在机件的实体部分，若遇到孔、槽等中空结构时应断开画出，如图 6-19 所示。

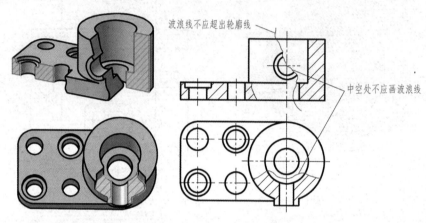

a) 局部剖视直观图　　　　　　　　　　b) 错误画法

图 6-19　局部剖视图中的错误画法

3）局部剖视图一般不标注，但当剖切位置不明显或局部剖视图未按投影关系配置时，则必须按全剖视图的标注方法进行标注。

局部剖视是一种比较灵活的表达方法，剖切的范围可根据机件的结构恰当地选择，如运用得当，可使图形重点突出、简明清楚。但在同一视图中，局部剖视的数量不宜过多，否则会使图形的表达显得零乱。

6.2.4　剖切面的种类 (GB/T 4458.6—2002)

因为机件的内部结构形状各不相同，所以在画剖视图时采用的剖切方法也不相同。按照国家标准的规定，可以选择以下三种剖切面剖开机件。

1. 单一剖切面

1）用平行于某一基本投影面的单一剖切平面剖切机件的方法，称为单一剖。单一剖是最常用的一种剖切方法，图 6-14 所示的全剖视图、图 6-16 所示的半剖视图和图 6-18 所示的局部剖视图都是用单一剖的剖切方法剖切机件得到的。

2）用一个不平行于任何基本投影面的剖切平面剖切机件的方法，称为斜剖。为表达倾斜部分内部结构的真实形状，用不平行于基本投影面的倾斜剖切平面剖切机件，再将机件投射到与剖切平面平行的投影面上即可，如图 6-20 所示的 "A—A" 剖视图。

斜剖得到的剖视图与斜视图一样，必须标注。要在剖视图的上方标注 "×—×"，剖视图可以按投影关系配置或平移至其他适当位置，在不致引起误解的前提下，允许将图形旋转，但要在剖视图的上方标注 "×—× ⌒" 或 "⌒ ×—×"，其中箭头的方向应与剖视图旋转的方向相同，表示剖视图名称的字母一律水平书写，如图6-20所示。

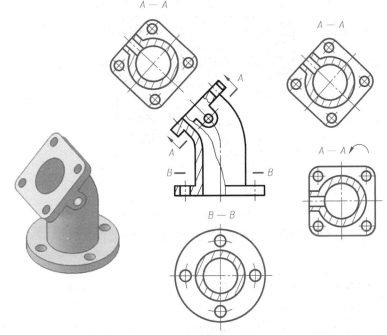

图 6-20 单一剖切面剖切机件

2. 几个平行的剖切面

当机件上有多处错开的内部结构，无法用一个剖切平面表达清楚时，可以用几个相互平行且与基本投影面平行的剖切平面剖开机件，如图6-21a所示。

采用这种剖切方法时必须标注。在剖视图的上方标注剖视图的名称"×—×"。在剖切平面的起、讫和转折处，画出剖切符号表示剖切位置，并在所有剖切符号附近标注与剖视图名称相同的字母；在起、讫剖切符号的外端画上与剖切符号垂直相连的箭头表示投射方向；当剖视图按投影关系配置，中间又没有其他图形隔开时，可以省略箭头，如图6-21b所示。

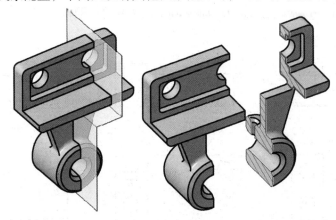

a) 两平行剖切面剖切的直观图

图 6-21 用两平行的剖切面剖切

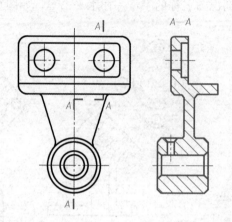

b) 两平行剖切面剖切的全剖视图

图 6-21　用两平行的剖切面剖切（续）

采用几个平行的剖切面画剖视图的注意事项如下：

1）两个剖切平面的转折处必须是直角，且转折处在剖面区域内不应画线，如图 6-22b 所示。

2）要恰当地选择剖切位置，不应在剖视图上出现不完整的结构要素，如图 6-22c 所示。

3）剖切平面的转折处不应与视图中的轮廓线重合，如图 6-22d 所示。

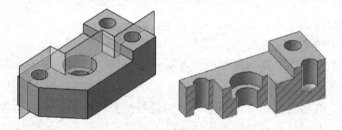

a) 几个平行剖切面剖切的直观图

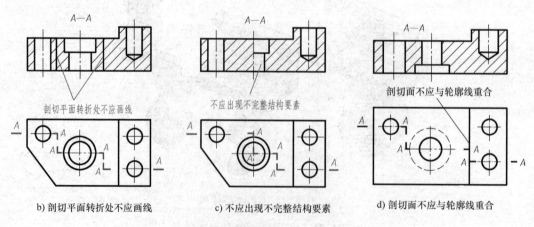

b) 剖切平面转折处不应画线　　c) 不应出现不完整结构要素　　d) 剖切面不应与轮廓线重合

图 6-22　用平行的剖切面剖切机件画图时的注意事项

3. 几个相交的剖切面

（1）用两个相交的剖切平面剖切　当机件的内部结构用一个剖切平面不能完全表达，且这个机件在整体上又具有回转轴时，用两个相交的剖切平面（交线垂直于某一基本投影面）剖开机件，并将与投影面不平行的结构及其相关部分旋转到与选定的投影面平行后再进行投影，如图6-23所示。

这种方法主要用于表达具有公共回转轴的机件，如轮、盘、盖等机件上的孔、槽等内部结构。

采用这种方法画剖视图时必须标注。在剖视图的上方标注剖视图的名称"×—×"。在剖切平面的起、讫和转折处，画出剖切符号表示剖切位置，并在剖切符号附近标注与剖视图名称相同的字母；在起、讫剖切符号的外端画上与剖切符号垂直相连的箭头表示投射方向；当剖视图按投影关系配置，中间又没有其他图形隔开时，可以省略箭头，如图6-23b所示。

采用两个相交的剖切平面画剖视图的注意事项如下：

1）相交的剖切平面的交线应与机件上公共回转轴线重合。

2）剖开的倾斜结构应旋转到与选定的投影面平行后再投射画出，但剖切平面后的其他结构仍按原来位置投射画出，如图6-23所示的小圆柱孔。

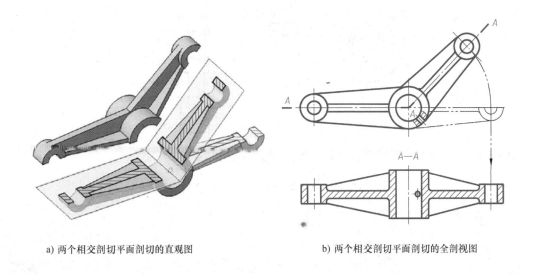

a) 两个相交剖切平面剖切的直观图　　　　　　b) 两个相交剖切平面剖切的全剖视图

图6-23　用两个相交的剖切平面剖切

（2）用几个相交的剖切面剖切　当机件的内部结构形状较复杂，用上述剖切方法仍不能表达时，可以用连续几个相交的剖切面（平面或曲面）剖开机件，此时剖视图通常采用展开画法，并在视图的上方标注"×—×⌒→"，如图6-24所示。

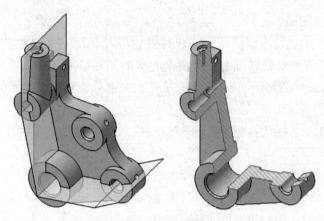

a) 连续几个相交剖切面剖切的直观图

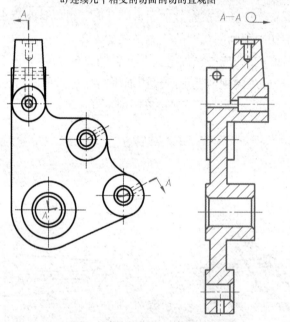

b) 连续几个相交剖切面剖切的全剖视图

图 6-24   用连续几个相交的剖切面剖切

6.3   断面图

假想用剖切平面将机件的某处切断，仅画出该剖切平面与机件接触部分的图形，称为断面图，简称断面，如图 6-25a、b 所示。

断面图与剖视图的区别在于：断面图仅画出断面的形状，而剖视图除了画出断面的形状外，还要画出剖切面后面机件的完整投影，如图 6-25c 所示。

根据断面图的画图位置，断面图可分为移出断面图和重合断面图。

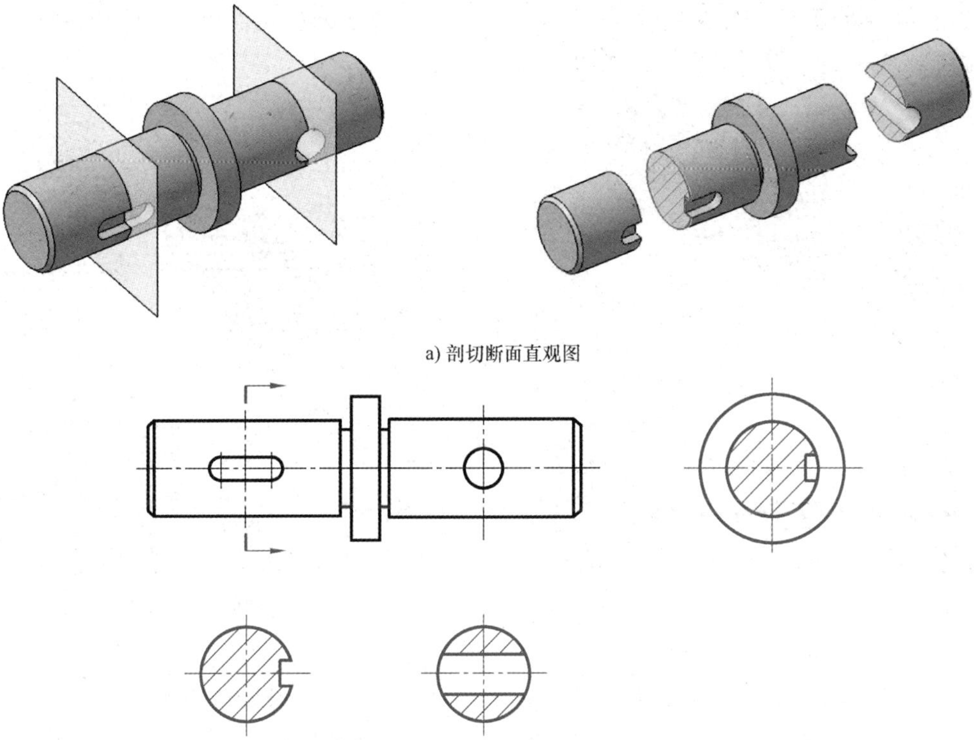

a) 剖切断面直观图

b) 断面图

c) 剖视图

图 6-25 断面图的概念

1. 移出断面图

画在视图轮廓线之外的断面图，称为移出断面图，如图 6-25b 所示。

移出断面的画法与配置要求如下：

1）移出断面画在视图之外，轮廓线用粗实线绘制。

2）移出断面一般配置在剖切线的延长线上，必要时也可配置在其他适当的位置，如图 6-26 所示。

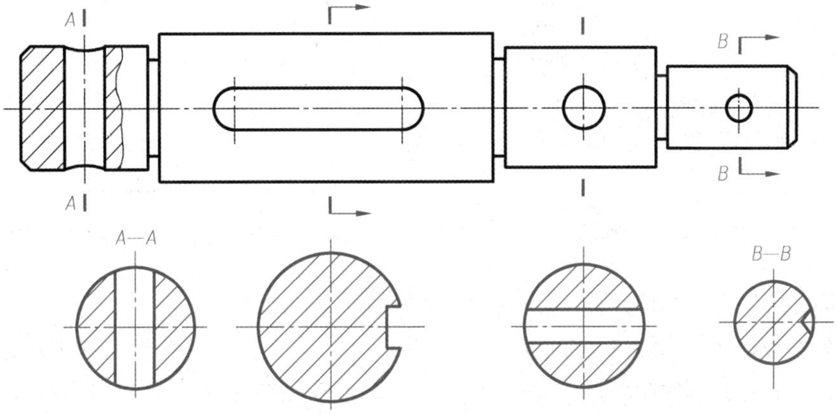

图 6-26 移出断面的配置

3）当剖切平面通过回转体形成的孔、凹坑的轴线时，这些结构应按剖视图的规则绘制，如图 6-27 所示。当剖切平面剖切后会产生完全分离的两个断面时，该结构也应按剖视图绘制，必要时允许将图形旋转，如图 6-28 所示。

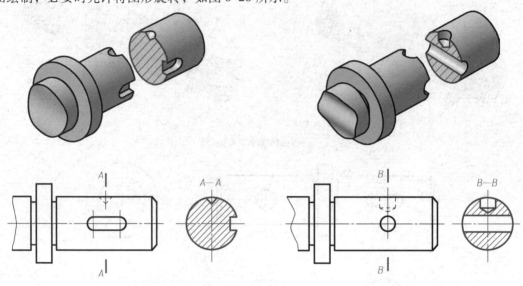

a) 锥形凹坑结构的断面图   b) 圆柱孔的断面图

图 6-27 带有孔或凹坑的断面图

4）由两个相交的剖切平面剖切得到的断面图，中间应断开，如图 6-29 所示。

5）当移出断面是对称图形时，可绘制在视图的中断处，如图 6-30 所示。

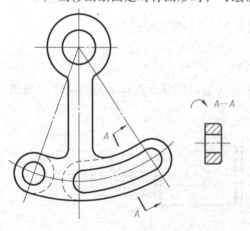

图 6-28 分离断面的绘制

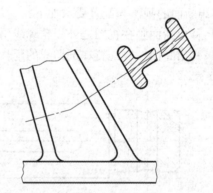

图 6-29 两个相交剖切平面时断面图的绘制

移出断面图的标注如下：

1）在断面图的上方用大写字母标出断面的名称"×—×"，在相应的视图上一般用剖切符号表示剖切位置，用箭头表示投射方向，并在剖切符号旁标注与断面名称相同的字母，如图 6-26 所示的"B—B"断面图。如果断面图为旋转后绘制的，则需要在断面名称中加注旋转符号，如图 6-28 所示。

2）配置在剖切符号或剖切线延长线上的不对称移出断面，可不必标注字母，如图

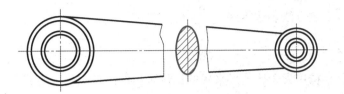

图 6-30　对称移出断面的绘制

6-25b和图 6-26 所示。

3）不配置在剖切符号或剖切线延长线上的对称移出断面，以及按投影关系配置的移出断面，一般不必标注箭头，如图 6-27 所示。

4）配置在剖切线延长线上的对称移出断面，不必标注字母和箭头，如图 6-25b 所示圆柱通孔处的移出断面图。

2. 重合断面图

画在视图轮廓线之内的断面图，称为重合断面图，如图 6-31 所示。

重合断面的轮廓线用细实线绘制，断面图形画在视图之内。当视图中的轮廓线与重合断面的图形重叠时，视图中的轮廓线仍应连续画出，不可间断，如图 6-32 所示。

重合断面可省略标注。

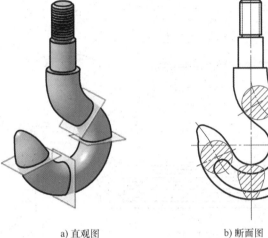

a) 直观图　　　　　b) 断面图

图 6-31　吊钩重合断面图

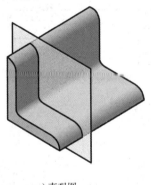

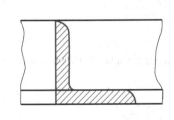

a) 直观图　　　　　　b) 断面图

图 6-32　重合断面图

6.4　其他表达方法

为了使画图简便、读图清晰，除了前面介绍的表达方法外，还可采用局部放大图、规定画法和简化画法等表达方法表达机件。

6.4.1 局部放大图

将机件的部分结构用大于原图形采用的比例画出的图形，称为局部放大图，如图6-33 ~
图 6-35 所示。

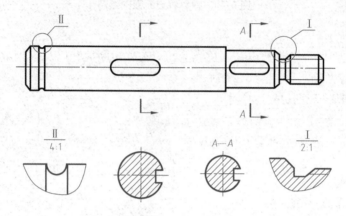

图 6-33　局部放大图

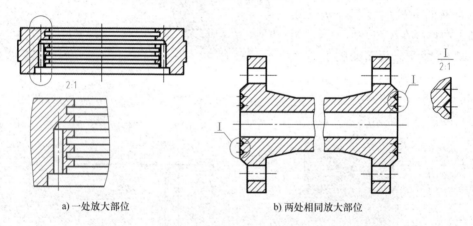

a) 一处放大部位　　　　　　　　b) 两处相同放大部位

图 6-34　局部放大图及标注

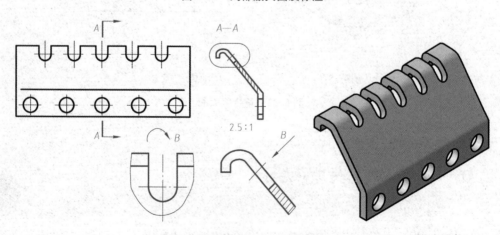

图 6-35　多个图形表达同一个被放大的结构

局部放大图可以画成视图、剖视图或断面图，它所采用的表达方法与被放大部位无关。当机件上的某些细小结构在原图形中表达不清楚或不便于标注尺寸时，可以采用局部放大图。

局部放大图必须标注，在相应视图中用细实线圈出被放大的结构，当同一个机件上有多个被放大的结构时，必须用罗马数字依次标明，并在局部放大图的上方以分数的形式标注出相应的罗马数字和所采用的比例，如图 6-33 所示。

当机件上仅有一处被放大的结构时，只需在局部放大图的上方标注所采用的比例，如图 6-34a 所示。

同一机件上不同部位局部放大图相同或对称时，只需画出一个放大图，如图 6-34b 所示。

必要时可以用多个图形表达同一个被放大的结构，如图 6-35 所示。

6.4.2　简化画法和其他规定画法

1. 相同结构的简化画法

当机件具有若干形状相同且规律分布的孔、齿、槽等结构时，可以仅画出几个完整的结构，其余用细实线连接，或用细点画线表示圆的中心位置，但必须在图中标注出结构的数量，如图 6-36 所示。

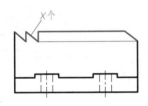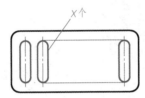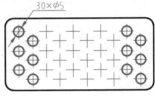

图 6-36　相同结构的简化画法

2. 肋、轮辐等结构的规定画法

对于机件上的肋、轮辐及薄壁等结构，如按纵向剖切，这些结构不画剖面符号而用粗实线将其与邻接部分分开，如图 6-37 和图 6-38 所示。

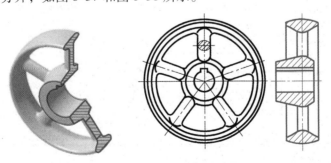

图 6-37　轮辐的规定画法

3. 均匀分布在回转体上的肋和孔的规定画法

当回转体上均匀分布的肋、孔等结构不在剖切平面上时，应将这些结构旋转到剖切平面上对称画出，如图 6-39 所示。

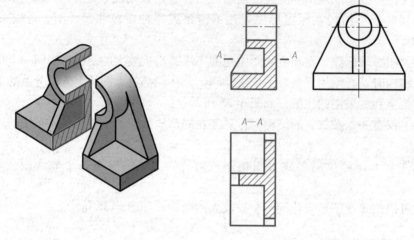

图 6-38　肋的规定画法

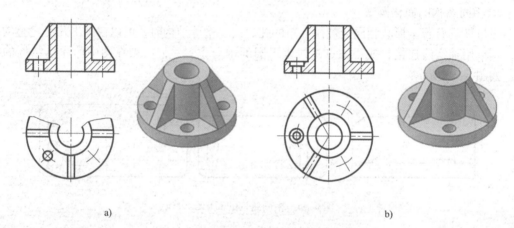

a)　　　　　　　　　　　　　　　　　b)

图 6-39　回转体上均布肋、孔的规定画法

4. 较长机件的简化画法（断裂画法）

较长的机件沿长度方向形状一致或按一定规律变化时，可将机件断开后缩短绘制，但应按实际长度标注尺寸，如图 6-40 所示。

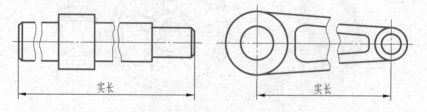

图 6-40　较长机件的简化画法

5. 平面符号

当图形不能充分表达平面时，可用平面符号（相交的两条细实线）表示，如图 6-41 所示。

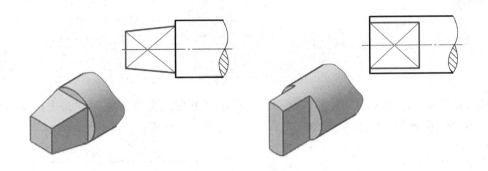

图 6-41　用平面符号表示平面

6. 倾斜的圆和圆弧的简化画法

机件上与投影面倾角小于 30°或等于 30°的圆及圆弧，其椭圆投影可用圆或圆弧代替，如图 6-42所示。

7. 过渡线、相贯线的简化画法

图形中的过渡线、相贯线在不致引起误解时允许简化，例如用圆弧或直线代替非圆曲线，如图 6-43 所示。

8. 剖中剖画法

有些机件剖切后，仍有内部结构没表达清楚而又不宜采用其他表达方法时，允许在剖视图中再作一次局部剖视，可称为"剖中剖"，如图6-44所示。

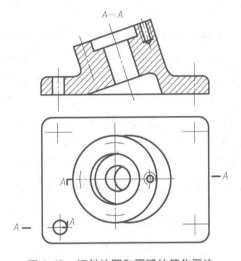

图 6-42　倾斜的圆和圆弧的简化画法

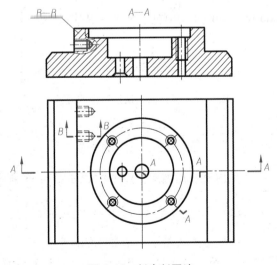

图 6-44　剖中剖画法

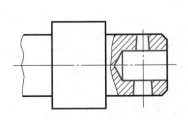

图 6-43　相贯线的简化画法

6.5 第三角画法简介

在用正投影法绘制工程图样时，有第一角投影法和第三角投影法两种画法，国际标准（ISO）规定这两种画法具有同等效力。我国的国家标准规定，主要采用第一角画法绘制图样，而美国、日本等国家采用第三角画法绘制图样。下面简要介绍一下第三角画法。

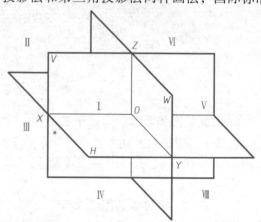

图 6-45　空间八个分角

6.5.1　第三角投影体系的建立

三个互相垂直的投影面 V、H、W 将空间分成八个分角，如图 6-45 所示。我国国家标准规定采用第一角画法，是将物体放在第一分角内向投影面投影，投影面展开如图 6-46 所示。而第三角画法则是将物体放在第三分角内进行投影，此时投影面位于观察者与物体之间，假想投影面是透明的，就得到了第三角投影，投影面展开如图 6-47 所示。

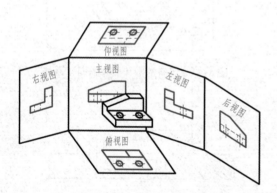

图 6-46　第一角画法投影面的展开

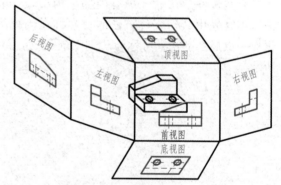

图 6-47　第三角画法投影面的展开

6.5.2　第三角画法视图的配置

采用第三角画法视图的配置如图 6-48 所示。这种按规定配置的视图不需标注名称。

6.5.3　第三角画法与第一角画法的比较

第一角画法与第三角画法的区别如下：

1）第一角画法：物体放置在观察者与投影面之间，投射方向是人→物→面（图），V 面不动，投影面向后展开，如图 6-46 所示。

2）第三角画法：投影面在观察者与物体之间，投射方向是人→面（图）→物，V 面不动，投影面向前展开，如图 6-47 所示。

图 6-48、图 6-49 所示分别为采用第三角画法和第一角画法时六个基本视图的配置。

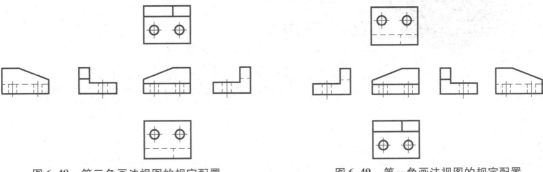

图 6-48　第三角画法视图的规定配置　　　　图 6-49　第一角画法视图的规定配置

6.5.4　第一角画法和第三角画法的识别符号

因为国际标准（ISO）规定第一角画法和第三角画法具有同等效力，所以为了区别这两种画法，规定在标题栏内（或外）画上标志符号，其画法如图 6-50 所示。

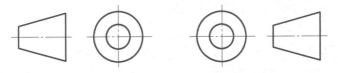

a) 第一角画法　　　　　　　　　　b) 第三角画法

图 6-50　第一角画法和第三角画法的识别符号

复习思考题

6-1　视图分为哪几种？主要用于表达机件的哪部分形状和结构？

6-2　基本视图有几个？优先采用的是哪几个视图？

6-3　基本视图和向视图有何区别？向视图如何标注？

6-4　局部视图和向视图有何区别？

6-5　斜视图和局部视图有何区别？

6-6　剖视图分为哪几种？主要用于表达机件的哪部分结构？

6-7　一个完整的剖视图的标注应该包括哪些内容？

6-8　全剖视图、半剖视图和局部剖视图分别用于表达哪类机件？

6-9　剖切面分为哪几种？分别用于表达哪类机件？

6-10　断面图和剖视图有何区别？

6-11　断面图分为哪几种？应如何标注？

6-12　什么情况下应用局部放大图表达机件？应如何标注？

6-13　机件上若干规律分布的相同结构应如何简化画出？

6-14　纵向或横向剖切到机件上的肋板和轮辐等结构时，应如何表达？

6-15　如何在剖视图中表达均布在圆周上的孔和肋板？

第7章
CHAPTER 7

标准件与常用件

在机器或部件中经常大量使用螺栓、螺钉、螺柱、螺母、垫圈、键、销和滚动轴承等零件，因此国家标准中对这些零件的结构、尺寸、画法和加工要求等都做了一系列的规定，使这些零件成为标准化和系列化的零件，称为标准件。还有一些零件，如齿轮、弹簧等，国家标准只对其部分结构、尺寸和参数做了规定，这些零件应用也十分广泛，称为常用件。为了减少设计和绘图工作量，国家标准对上述标准件和常用件规定了简化的表达方法。

【学习重点】

1. 了解常用零件和常用结构要素的作用及有关的基本知识。
2. 掌握螺纹及螺纹连接的画法，掌握螺纹紧固件的连接画法，了解螺纹紧固件的标记。
3. 熟悉圆柱齿轮及其啮合的画法规定。
4. 了解键、销、弹簧和滚动轴承的规定画法。

7.1 螺纹与螺纹紧固件

7.1.1 螺纹

1. 螺纹的形成和加工方法

在圆柱或圆锥表面上，具有相同牙型、沿螺旋线连续凸起的牙体称为螺纹。螺纹的凸起部分称为牙，螺纹凸起部分的顶端表面称为牙顶，螺纹沟槽的底部表面称为牙底。

在外表面上形成的螺纹称为外螺纹，在内表面上形成的螺纹称为内螺纹。

螺纹通常在车床上加工，工件做等速旋转运动，车刀沿轴线做匀速移动，即可在工件的表面上加工出内、外螺纹，如图 7-1 所示。

2. 螺纹的结构要素

螺纹的结构要素包括牙型、直径、螺距、线数和旋向，只有五个要素完全相同时，内、外螺纹才能旋合。

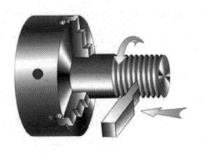

a) 车外螺纹　　　　　　　　　　　　　　　　b) 车内螺纹

图7-1　螺纹的加工方法

（1）螺纹牙型　在螺纹轴线平面内的螺纹轮廓形状称为螺纹牙型，如图7-2所示。不同的螺纹牙型有不同的用途，常见的螺纹牙型有三角形、梯形、锯齿形和矩形。

（2）螺纹直径　螺纹的直径如图7-2所示。

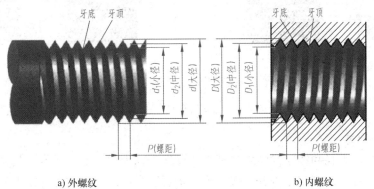

a) 外螺纹　　　　　　　　　　　　　　　　b) 内螺纹

图7-2　螺纹的直径

1）大径（d、D）是指与外螺纹牙顶或内螺纹牙底相切的假想圆柱的直径。

2）小径（d_1、D_1）是指与外螺纹牙底或内螺纹牙顶相切的假想圆柱的直径。

3）中径（d_2、D_2）是指介于大、小径之间的一个假想圆柱的直径，在该圆柱的母线上牙型凸起和沟槽的宽度相等。

（3）线数 n　螺纹有单线和多线之分。沿一条螺旋线形成的螺纹称为单线螺纹，沿两条或两条以上在轴向等距分布的螺旋线形成的螺纹称为多线螺纹，如图7-3所示。螺纹的线数用 n 表示。

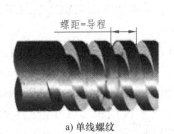

a) 单线螺纹　　　　　　　　　　　　　　　　b) 双线螺纹

图7-3　螺纹的线数、导程和螺距

（4）螺距和导程　如图 7-3 所示，螺纹相邻两牙在中径线上对应两点间的轴向距离称为螺距，用 P 表示。同一条螺旋线上相邻两牙在中径线上对应两点间的轴向距离称为导程，用 P_h 表示。

单线螺纹 $P_h = P$，多线螺纹 $P_h = nP$。

（5）旋向　螺纹分为左旋和右旋两种，如图 7-4 所示。顺时针旋转时旋入的螺纹称为右旋螺纹，逆时针旋转时旋入的螺纹称为左旋螺纹。工程中广泛使用的是右旋螺纹，左旋螺纹仅在特定的情况下使用。

a) 左旋螺纹　　　　　　　　　　　　　　　　b) 右旋螺纹

图 7-4　螺纹的旋向及判别方法

3. 螺纹的种类

螺纹的牙型、大径和螺距是螺纹最基本的要素，称为螺纹的三要素。国家标准中对螺纹的三要素做了一系列的规定。因此，按三要素是否符合标准，螺纹分为以下三种：

1) 标准螺纹：牙型、大径和螺距均符合国家标准的螺纹。

2) 特殊螺纹：牙型符合国家标准，但大径和螺距不符合国家标准的螺纹。

3) 非标准螺纹：牙型不符合国家标准的螺纹。

按用途不同，螺纹可分为连接螺纹和传动螺纹。连接螺纹又分为普通螺纹和管螺纹，传动螺纹又分为梯形螺纹、锯齿形螺纹和矩形螺纹，其中矩形螺纹尚未标准化，其余均为标准螺纹，见表 7-1。

4. 螺纹的规定画法

（1）外螺纹的画法　如图 7-5 所示，在非圆视图中，螺纹的大径（牙顶）和螺纹终止线用粗实线绘制；小径（牙底）用细实线绘制。通常，小径可按大径的 0.85 绘制，表示小径的细实线应画入倒角内。在投影为圆的视图中，表示大径的圆用粗实线绘制，表示小径的圆用细实线绘制且只画约 3/4 圈，表示倒角的圆不画。

如图 7-6 所示，在外螺纹的非圆剖视图中，螺纹终止线只画大小径之间的一小段粗实线，剖面线应穿过表示小径的细实线起止于粗实线。

（2）内螺纹的画法　如图 7-7a 所示，用剖视图表达内螺纹时，在非圆视图中，螺纹的大径（牙底）用细实线绘制，小径（牙顶）和螺纹终止线用粗实线绘制。在投影为圆的视图中，表示小径的圆用粗实线绘制，表示大径的圆用细实线绘制且只画约 3/4 圈，表示倒角的圆规定不画。

表 7-1 常用螺纹的种类、牙型、代号和标注示例

螺纹种类		牙型放大图	螺纹特征代号	标注示例	说明
连接螺纹	粗牙普通螺纹	60°	M	M12—5g6g—S	粗牙普通螺纹不标注螺距,细牙普通螺纹应标注螺距;中等旋合长度不标注"N",短旋合长度和长旋合长度需标注"S"和"L";左旋螺纹标注"LH",右旋螺纹不标注
	细牙普通螺纹			M12×1—5g—LH	
	55°非密封管螺纹	55°	G	G1/2B—LH	外螺纹公差等级分 A 级和 B 级两种,内螺纹公差等级仅一种,故不标注公差代号
	55°密封管螺纹	55°	R₁ R₂ Rc Rp	R₁3/4 Rc3/8	内、外螺纹均只有一种公差带,故不标注公差代号 R₁ 为圆锥外螺纹(与圆柱内螺纹相配合) R₂ 为圆锥外螺纹(与圆锥内螺纹相配合) Rc 为圆锥内螺纹 Rp 为圆柱内螺纹
传动螺纹	梯形螺纹	30°	Tr	Tr40×14(P7)LH—8e—L	多线螺纹的螺距和导程都需标注。P 表示螺距
	锯齿形螺纹	3° 30°	B	B40×6LH—7c	多线螺纹的螺距和导程都需标注。P 表示螺距

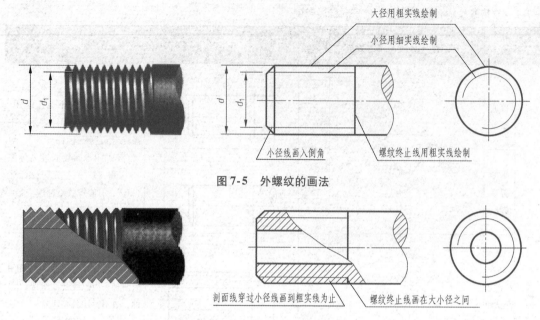

图 7-5 外螺纹的画法

图 7-6 外螺纹剖视图的画法

如图 7-7b 所示，用视图表达内螺纹时，因为螺纹不可见，所以表示螺纹的所有图线均用虚线绘制。

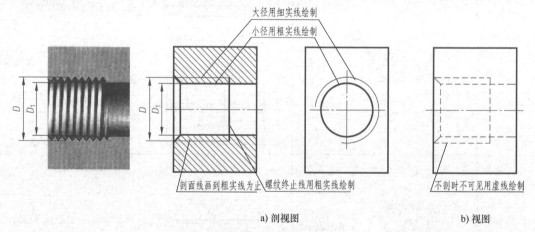

a) 剖视图   b) 视图

图 7-7 内螺纹的画法

（3）内、外螺纹连接的画法　如图 7-8 所示，在内、外螺纹连接的剖视图中，内、外螺纹的旋合部分应按外螺纹绘制，其余部分仍按各自的画法绘制。因为螺纹旋合时内、外螺纹的大、小径必须分别相等，所以绘图时应注意相应的粗、细实线必须对齐。

5．螺纹的标记

标准螺纹应注出国家标准规定的标记，标注示例见表 7-1。

（1）普通螺纹　普通螺纹标记构成如下：

螺纹特征代号　尺寸代号 – 公差带代号 – 其他信息

1）螺纹特征代号。普通螺纹特征代号用字母 "M" 表示。

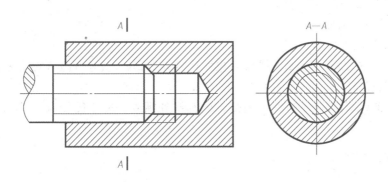

图 7-8 内、外螺纹连接的画法

2）尺寸代号。单线螺纹的尺寸代号为"公称直径×螺距"，粗牙普通螺纹可省略标注螺距。多线螺纹的尺寸代号为"公称直径×P_h导程 P 螺距"。

3）公差带代号。普通螺纹公差带代号包括中径公差带代号和顶径公差带代号。如果中径公差带代号与顶径公差带代号相同，则只注一个公差带代号。螺纹尺寸代号与公差带代号间用"-"分开。在装配图中，表示内、外螺纹的配合代号时，内螺纹公差带代号在前，外螺纹公差带代号在后，中间用斜线"/"分开。

4）其他信息。标记内有必要说明的其他信息包括螺纹的旋合长度组别和旋向。

对于短旋合长度和长旋合长度的螺纹，在公差带代号后分别标注"S"和"L"代号。旋合长度代号和公差带代号之间用"-"分开。中等旋合长度螺纹不标注旋合长度代号（N）。

对于左旋螺纹，应在螺纹标记的最后标注"LH"代号，与前面用"-"分开。右旋螺纹不标注旋向代号。

例如：M20×2-5g6g-S

特征代号 M 表示普通螺纹，其公称直径为 20mm，细牙普通螺纹螺距为 2mm，单线，外螺纹，中径公差带代号为 5g，顶径公差带代号为 6g，短旋合长度，右旋。

（2）梯形螺纹和锯齿形螺纹 螺纹标记构成如下：

$$\boxed{\text{螺纹特征代号}}\quad\boxed{\text{尺寸代号}}-\boxed{\text{公差带代号}}-\boxed{\text{旋合长度代号}}$$

1）特征代号。梯形螺纹特征代号用"Tr"表示，锯齿形螺纹特征代号用"B"表示。

2）尺寸代号。单线螺纹的尺寸代号为"公称直径×螺距"，多线螺纹的尺寸代号为"公称直径×导程（P 螺距）"。如果是左旋螺纹，则其标记内应添加左旋代号"LH"。

3）公差带代号。只标注中径公差带代号。

4）旋合长度代号。有中等旋合长度和长旋合长度两种，中等旋合长度（N）不需标注，长旋合长度标注"L"。

例如：Tr40×14（P7）LH-8H

特征代号 Tr 表示梯形螺纹，其公称直径为 40mm，双线，导程为 14mm，螺距为 7mm，左旋，中径公差带代号为 8H，内螺纹，中等旋合长度。

（3）管螺纹 螺纹标记构成如下：

$$\boxed{\text{螺纹特征代号}}\boxed{\text{尺寸代号}}\boxed{\text{公差等级代号}}\boxed{\text{旋向}}$$

在管螺纹的标记中，尺寸代号是管子的内孔直径，单位为 in（1in=25.4mm），管螺纹的直径需查国家标准确定。

例如：G1/2A

特征代号 G 表示 55°非密封管螺纹，尺寸代号为 1/2in，公差等级 A 级，右旋。

例如：R_1 1/2LH

特征代号 R_1 表示与圆柱内螺纹相配合的圆锥外螺纹，尺寸代号为 1/2in，公差等级不注，左旋。

7.1.2 螺纹紧固件

1. 常用螺纹紧固件的种类和标记

螺纹连接是工程上应用最广泛的可拆连接方式。螺纹紧固件连接可分为螺栓连接、螺柱连接和螺钉连接。常用的螺纹紧固件有螺栓、螺柱、螺钉、螺母和垫圈等，如图 7-9 所示。

圆柱头开槽螺钉　　圆柱头内六角螺钉　　沉头十字槽螺钉　　开槽锥端紧定螺钉　　六角头螺栓

双头螺柱　　　　六角螺母　　　　六角开槽螺母　　　　平垫圈　　　　弹簧垫圈

图 7-9　常用的螺纹紧固件

螺纹紧固件一般是标准件，它们的结构型式和种类很多，可根据需要查阅有关的标准。常用螺纹紧固件的标记见表 7-2。

表 7-2　常用螺纹紧固件的标记

名称（标准号）	图例及规格尺寸	标记示例
六角头螺栓 （GB/T 5782—2016）		螺纹规格为 M12、公称长度 $l = 80\text{mm}$、性能等级为 8.8 级、表面不经处理、产品等级为 A 级的六角头螺栓： 　　螺栓　GB/T 5782　M12×80
双头螺柱 $b_m = 1d$（GB/T 897—1988） $b_m = 1.25d$（GB/T 898—1988） $b_m = 1.5d$（GB/T 899—1988） $b_m = 2d$（GB/T 900—1988）		两端均为粗牙普通螺纹，$d = 10\text{mm}$、$l = 50\text{mm}$、性能等级为 4.8 级、不经表面处理、B 型、$b_m = 1d$ 的双头螺柱： 　　螺柱　GB/T 897　M10×50 旋入机件一端为粗牙普通螺纹，旋入螺母一端为螺距 $P = 1\text{mm}$ 的细牙普通螺纹，$d = 10\text{mm}$，$l = 50\text{mm}$，性能等级为 4.8 级、不经表面处理、A 型、$b_m = 1d$ 的双头螺柱： 　　螺柱　GB/T 897　A M10－M10×1×50

（续）

名称（标准号）	图例及规格尺寸	标记示例
1 型六角螺母 （GB/T 6170—2015）	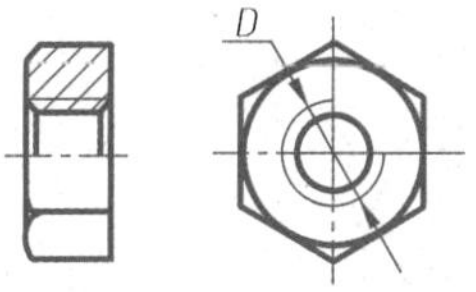	螺纹规格为 M12、性能等级为 8 级、不经表面处理、产品等级为 A 级的 1 型六角螺母： 螺母　GB/T 6170　M12
平垫圈—A 级 （GB/T 97.1—2002）	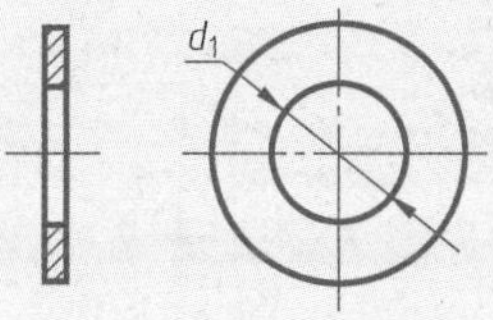	标准系列、公称规格 8mm、由钢制造的硬度等级为 200HV、不经表面处理、产品等级为 A 级的平垫圈： 垫圈　GB/T 97.1　8
标准型弹簧垫圈 （GB/T 93—1987） 轻型弹簧垫圈 （GB/T 859—1987）	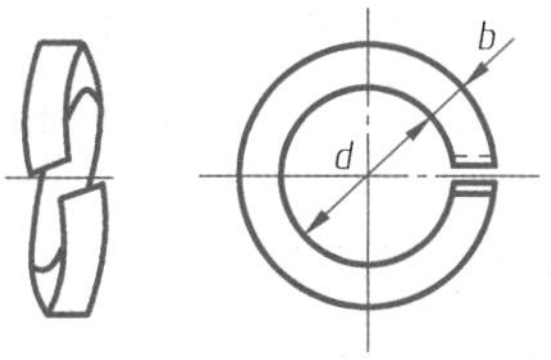	规格 16mm、材料为 65Mn、表面氧化的标准型弹簧垫圈： 垫圈　GB/T 93　16 规格 16mm、材料为 65Mn、表面氧化的轻型弹簧垫圈： 垫圈　GB/T 859　16
开槽沉头螺钉 （GB/T 68—2016）	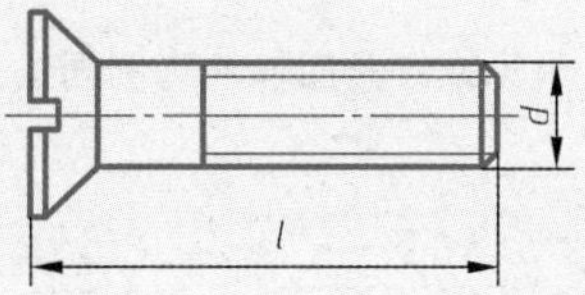	螺纹规格为 M5、公称长度 $l = 20$mm、性能等级为 4.8 级、不经表面处理的 A 级开槽沉头螺钉： 螺钉　GB/T 68　M5×20

在绘制螺纹紧固件时，可查阅标准，根据查得的数据绘制。但一般情况下，为了提高绘图速度，螺纹紧固件的各部分尺寸均可按螺纹大径 d 的一定比例绘制，这种画法称为比例画法。常见螺纹紧固件的比例画法如图 7-10 所示。

2. 螺纹紧固件连接的画法

（1）螺纹紧固件连接图中的规定画法

1）两零件的接触面只画一条线，不得特别加粗。凡不接触表面，无论间隔多小都要画成两条线。

2）在剖视图中，相邻两零件的剖面线方向应相反或间隔不同，但同一零件在各个剖视图中的剖面线方向和间隔必须相同。

3）在剖视图中，当剖切平面通过螺纹紧固件的轴线时，这些零件按不剖绘制，即只画外形。但如果垂直于轴线剖切，则按剖视绘制。

（2）螺栓连接的画法　螺栓连接是用螺栓、螺母和垫圈将两个不太厚并能钻成通孔的

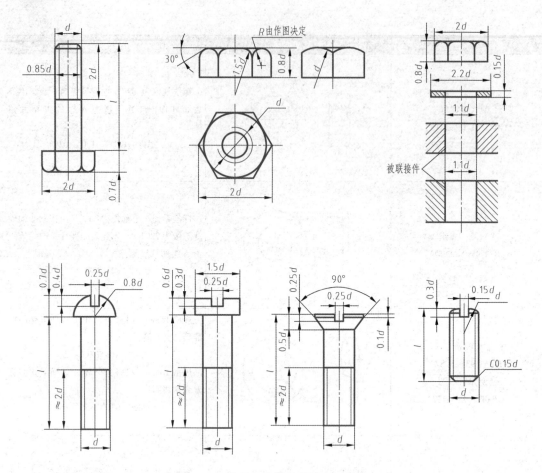

图 7-10　常见螺纹紧固件的比例画法

零件连接在一起，如图 7-11 所示。

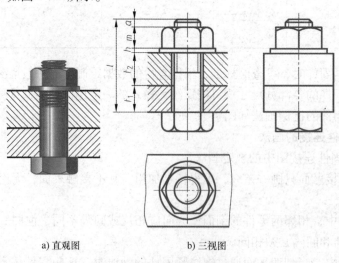

a) 直观图　　　　　b) 三视图

图 7-11　螺栓连接的画法

螺栓的公称长度 $l \geq t_1 + t_2 + h + m + a$（计算后查表取标准长度系列值中最接近的值）。

上式中，t_1、t_2 为被连接件的厚度；h 为垫圈厚度；m 为螺母厚度；a 为螺栓超出螺母的长度，一般取 $a = (0.2 \sim 0.3)d$。

（3）螺柱连接的画法　螺柱连接是用螺柱、螺母和垫圈将一个较厚、不能钻成通孔的零件与另一个可钻成通孔的零件连接在一起，如图7-12所示。

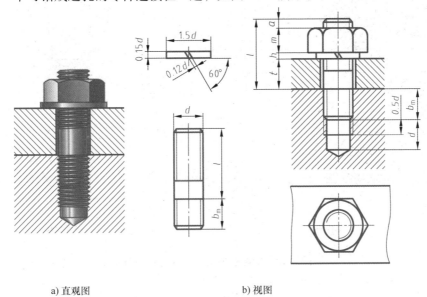

a) 直观图　　　　　　　b) 视图

图7-12　螺柱连接的画法

螺柱的公称长度 $l \geqslant t + h + m + a$（计算后查表取标准长度系列值中最接近的值）。

上式中，t 为钻通孔零件的厚度；h 为垫圈厚度；m 为螺母厚度；a 为螺柱超出螺母的长度，一般取 $a = (0.2 \sim 0.3)d$。

图7-12中的 b_m 为螺柱旋入端的螺纹长度，它与被连接零件的材料有关。国家标准中规定的 b_m 值见表7-3，表中 d 为螺纹大径。

表7-3　螺柱旋入端 b_m 的选用

被连接件的材料	旋入端长度 b_m	标准编号
钢、青铜	$b_m = 1d$	GB/T 897—1988
铸铁	$b_m = 1.25d$，$b_m = 1.5d$	GB/T 898—1988，GB/T 899—1988
铝合金	$b_m = 2d$	GB/T 900—1988

在绘制螺柱连接图时应注意：在连接中，螺柱旋入端全部旋入螺孔内，因此螺柱旋入端的螺纹终止线应与有螺孔零件的孔口表面轮廓线重合。

在装配图中，螺栓和螺柱连接提倡采用简化画法，绘图时可省略所有倒角及因倒角产生的交线，螺孔的钻孔深度也可省略不画，如图7-13所示。

（4）螺钉连接的画法　螺钉连接是用螺钉将一个不太厚能钻成通孔与另一个较厚能钻成螺纹不通孔的两零件连接在一起，如图7-14所示。

螺钉的公称长度 $l \geqslant t + b_m$（计算后查表取标准长度系列值中最接近的值）。

上式中，t 为钻通孔零件的厚度；b_m 为螺钉旋入螺孔的长度。b_m 的取值方法和螺柱

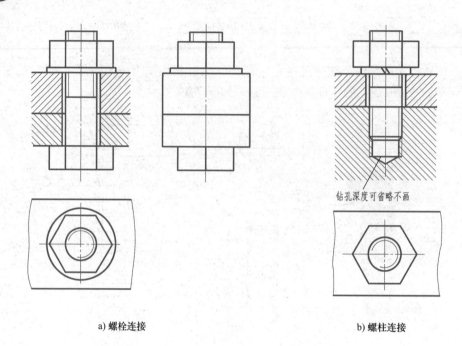

a) 螺栓连接　　　　　　　　　　　　　　　b) 螺柱连接

图 7-13　螺栓、螺柱连接的简化画法

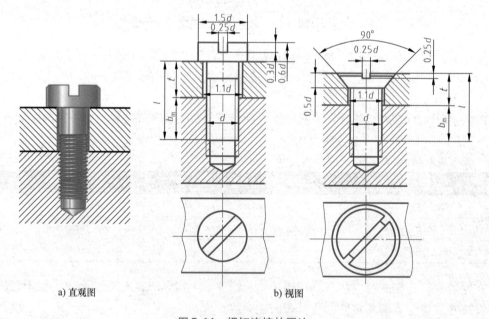

a) 直观图　　　　　　　　　　　　　　b) 视图

图 7-14　螺钉连接的画法

相同。

　　在绘制螺钉连接图时应注意：螺钉的螺纹终止线不能与两被连接零件的结合面重合，而应画在有通孔零件的两条轮廓线之间。

　　紧定螺钉连接的画法如图 7-15 所示。

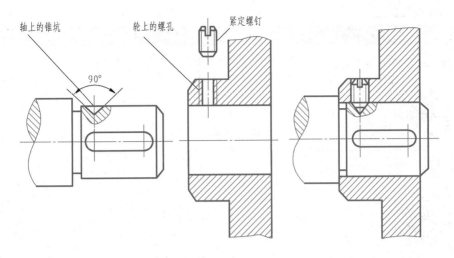

图 7-15　紧定螺钉连接的画法

7.2　键连接与销连接

7.2.1　键连接

　　键是标准件，它主要用于连接轴和安装在轴上的传动零件（如齿轮、带轮等），使轴和传动件一起旋转，传递运动和转矩，如图 7-16 所示。

图 7-16　键连接

1. 常用键及其连接

　　（1）键的种类和标记　常用的键有普通平键、半圆键和钩头楔键三种，其中最常用的是普通平键。键的种类和标记见表 7-4。

表7-4　键的种类和标记

名称（标准号）	图例	标记示例
普通平键（GB/T 1096—2003）		$b=8mm$、$h=7mm$、$L=25mm$的普通平键（A型）： GB/T 1096　键 $8 \times 7 \times 25$
半圆键（GB/T 1099.1—2003）		$b=6mm$、$h=10mm$、$D=25mm$的半圆键： GB/T 1099.1　键 $6 \times 10 \times 25$
钩头楔键（GB/T 1565—2003）		$b=18mm$、$h=11mm$、$L=100mm$的钩头楔键：GB/T 1565　键 18×100

（2）键槽的画法和尺寸标注　键槽一般在铣床上加工，其加工方法如图7-17所示。

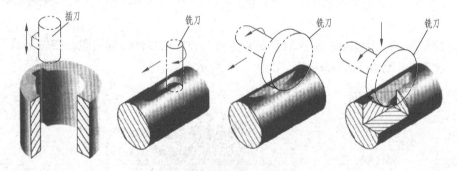

图7-17　键槽的加工方法

　　键槽的画法和尺寸标注如图7-18所示。轴及轮毂上的键槽宽度 b、深度 t 及 t_1 可根据轴径 d 在标准中查得。

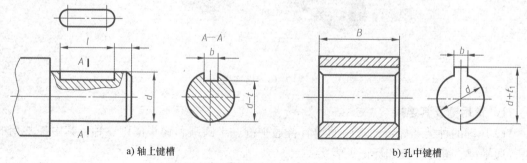

a) 轴上键槽　　　　　　　　b) 孔中键槽

图7-18　键槽的画法和尺寸标注

（3）键连接的画法

1）普通平键和半圆键连接的画法。普通平键和半圆键的工作表面均为键的两个侧面，键的两个侧面与轴和轮毂上键槽的两个侧面为接触面，在连接图中画一条线。键的上表面与轮毂键槽的顶面之间有间隙，是非接触面，画两条线，如图7-19所示。

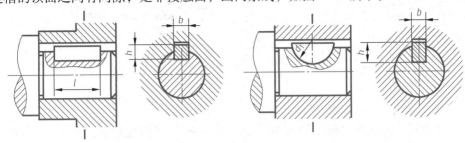

a)平键连接

b)半圆键连接

图7-19 平键和半圆键连接的画法

在通过轴线的剖视图中，为表达键和轴的连接关系，轴应采用局部剖视；而键是标准件，应按不剖绘制。在垂直于轴线的剖视图中，轮毂、轴和键都按剖视绘制。

2）钩头楔键连接的画法。钩头楔键的上表面有1:100的斜度，连接时沿轴向将键打入键槽内，靠上下表面的摩擦力连接，而键的宽度和键槽的宽度相等（较松的间隙配合），因此在钩头楔键的连接中，键的四个表面与键槽都是接触面，故都画一条线，如图7-20所示。

2. 花键

花键是一种常用的标准结构，它本身的结构尺寸已标准化，应用广泛。其特点是键和键槽的数目较多，键和轴制成一体，适于重载或变载定心精度较高的连接。花键可分为矩形花键和渐开线花键两种，因为矩形花键应用最广泛，所以本书仅介绍如图7-21所示的矩形花键。

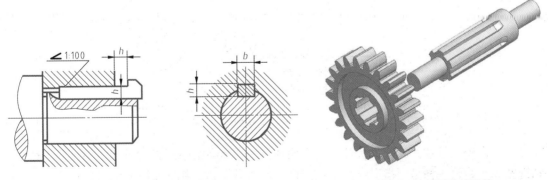

图7-20 钩头楔键连接的画法

图7-21 矩形花键连接

（1）外花键 外花键的画法如图7-22所示，在平行于外花键轴线的投影面视图中，大径用粗实线绘制，小径用细实线绘制，花键工作长度的终端和尾部长度末端均用细实线绘制，尾部画成与轴线成30°的斜线；齿形用垂直于轴线的断面画出，可以仅画出部分齿形，也可以画出全部齿形。在垂直于外花键轴线的投影面的视图中，大径画成粗实线圆，小径画成细实线圆，倒角圆省略不画。

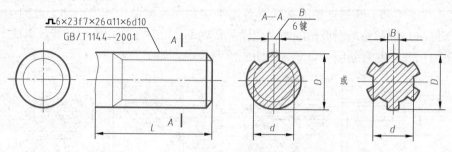

图 7-22　外花键的画法

（2）内花键　内花键的画法如图 7-23 所示，在平行于内花键轴线的投影面剖视图中，大径、小径均用粗实线绘制，并用局部视图画出部分齿形或全部齿形。

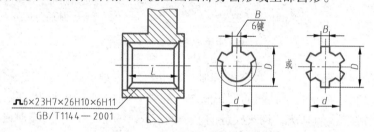

图 7-23　内花键的画法

（3）花键连接的画法　用剖视图表示花键连接时，其连接部分按外花键绘制，如图 7-24 所示。

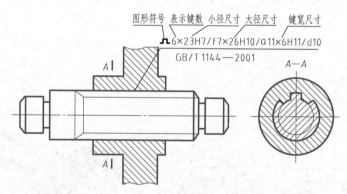

图 7-24　花键连接的画法

（4）花键的标注　花键的标注方法有两种：一种是在图中注出齿数 N、小径 d、大径 D 和键宽 B 等；另一种是用指引线注出花键标记，如图 7-22 ~ 图 7-24 所示。花键标记如下：

$\boxed{类型代号}\ \boxed{键数}\times\boxed{小径}\ \boxed{小径公差代号}\times\boxed{大径}\ \boxed{大径公差代号}\times\boxed{键宽}\ \boxed{键宽公差代号}$

例如，花键 $N = 6$，$d = 23\text{H7/f7}$，$D = 26\text{H10/a11}$，$B = 6\text{H11/d10}$ 的标记如下：

外花键：$\text{⊔}6 \times 23\text{f7} \times 26\text{a11} \times 6\text{d10}$　GB/T 1144—2001

内花键：$\text{⊔}6 \times 23\text{H7} \times 26\text{H10} \times 6\text{H11}$　GB/T 1144—2001

花键副（花键连接）：$\text{⊔}6 \times 23\text{H7/f7} \times 26\text{H10/a11} \times 6\text{H11/d10}$　GB/T 1144—2001

无论采用哪种注法，都要在图上注出花键工作长度 L。

7.2.2 销连接

销是标准件，它主要起定位作用，也用于零件间的连接和锁紧。常用的销有圆柱销、圆锥销和开口销。常用销的种类和标记见表 7-5。

表 7-5 常用销的种类和标记

序号	名称（标准号）	图例	标记示例	说明
1	圆柱销 （GB/T 119.1—2000 和 GB/T 119.2—2000）		公称直径 $d = 8mm$、公差为 m6、公称长度 $l = 30mm$、材料为钢、普通淬火（A 型）、表面氧化处理的圆柱销： 销　GB/T 119.2　8×30	GB/T 119.2—2000 中规定，淬硬钢按淬火方法不同，分为普通淬火（A 型）和表面淬火（B 型）
2	圆锥销 （GB/T 117—2000）		公称直径 $d = 10mm$、公称长度 $l = 60mm$、材料为 35 钢、热处理硬度 28 ～ 38HRC、表面氧化处理的 A 型圆锥销： 销　GB/T 117　10×60	圆锥销有 A 型和 B 型。A 型为磨削，锥面表面粗糙度 Ra 0.8μm，B 型为切削或冷镦，锥面表面粗糙度 Ra 3.2μm
3	开口销 （GB/T 91—2000）		公称规格为 5mm、公称长度 $l = 50mm$、材料为 Q215 或 Q235、不经表面处理的开口销： 销　GB/T 91　5×50	公称规格等于开口销孔的直径。对销孔直径推荐的公差为：公称规格 ≤1.2mm：H13；公称规格 >1.2mm：H14

圆柱销、圆锥销和开口销连接的画法如图 7-25 和图 7-26 所示。

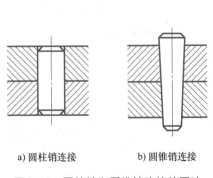

a) 圆柱销连接　　　b) 圆锥销连接

图 7-25　圆柱销和圆锥销连接的画法

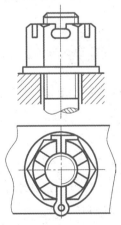

图 7-26　开口销连接的画法

7.3 滚动轴承

　　滚动轴承是在机器中用来支承轴的标准部件。滚动轴承具有结构紧凑、摩擦阻力小、使用寿命长等优点，因此被广泛应用。

7.3.1 滚动轴承的结构和类型

1. 滚动轴承的结构

　　滚动轴承一般由四部分组成，如图 7-27 所示。内圈装在轴上，随轴一起转动；外圈装在机体上或轴承座的孔中，固定不动；滚动体装在内、外圈之间的滚道中，当内圈转动时，它们在滚道内滚动；保持架用于将滚动体相互隔开，使其均匀分布在内、外圈之间。

2. 滚动轴承的类型

　　（1）按滚动轴承承受载荷的方向分　可分为以下三类：

　　1）向心轴承：主要承受径向载荷，如图 7-28a 所示的深沟球轴承。

　　2）推力轴承：只承受轴向载荷，如图 7-28b 所示。

　　3）向心推力轴承：同时承受径向和轴向载荷，如图 7-28c 所示的圆锥滚子轴承。

　　（2）按滚动轴承滚动体的形状分　可分为以下两类：

　　1）球轴承：滚动体为钢球。

　　2）滚子轴承：滚动体为圆柱形、圆锥形或针状滚子。

图 7-27　滚动轴承的结构

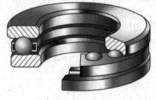

a) 向心轴承(深沟球轴承)　　　　b) 推力轴承　　　　c) 向心推力轴承(圆锥滚子轴承)

图 7-28　滚动轴承的类型

7.3.2 滚动轴承的代号

　　滚动轴承用代号表示其结构、种类、尺寸、公差等级和技术要求等结构特征，它由前置代号、基本代号和后置代号构成，通常使用基本代号。只有在轴承的结构形状、尺寸、公差和技术要求等有改变时，才在其基本代号的前、后添加补充的前置或后置代号。

　　基本代号一般由 4~5 位数字或字母加数字组成，其中包括轴承类型代号、尺寸系列代号和内径代号。例如：

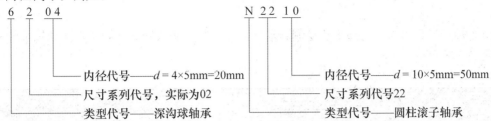

滚动轴承类型代号见表7-6。

表7-6　滚动轴承类型代号

代号	轴承类型	代号	轴承类型
0	双列角接触球轴承	7	角接触球轴承
1	调心球轴承	8	推力圆柱滚子轴承
2	调心滚子轴承和推力调心滚子轴承	N	圆柱滚子轴承
3	圆锥滚子轴承	NN	双列或多列圆柱滚子轴承
4	双列深沟球轴承	U	外球面球轴承
5	推力球轴承	QJ	四点接触球轴承
6	深沟球轴承	C	长弧面滚子轴承（圆环轴承）

滚动轴承内径代号及示例见表7-7。

表7-7　滚动轴承内径代号及其示例

轴承公称内径/mm		内径代号	示例
0.6～10（非整数）		用公称内径毫米数直接表示，在其与尺寸系列代号之间用"/"分开	深沟球轴承 618/2.5 $d = 2.5$mm
1～9（整数）		用公称内径毫米数直接表示，对深沟及角接触球轴承7、8、9直径系列，内径与尺寸系列代号之间用"/"分开	深沟球轴承 618/5 $d = 5$mm
10～17	10	00	深沟球轴承 6200 $d = 10$mm
	12	01	
	15	02	
	17	03	
20～480（22、28、32除外）		公称内径除以5的商数，商数为个位数，需要在商数左边加"0"，如08	调心滚子轴承 22308 $d = 40$mm
≥500以及22、28、32		用公称内径毫米数直接表示，但在与尺寸系列代号之间用"/"分开	调心滚子轴承 230/500 $d = 500$mm 深沟球轴承 62/22 $d = 22$mm

　　轴承的尺寸系列代号表示在内径相同时，轴承可以有各种不同的外径和宽度。

　　滚动轴承的标记由名称、代号和国家标准号组成，例如：滚动轴承 6204　GB/T 276—2013。

7.3.3 滚动轴承的画法

滚动轴承通常可采用三种方法绘制：通用画法、特征画法和规定画法。滚动轴承的三种画法见表7-8。

表7-8 滚动轴承的三种画法

轴承类型	结构型式	通用画法	特征画法	规定画法	承载特征
		（均指滚动轴承在所属装配图的剖视图中的画法）			
深沟球轴承（GB/T 276—2013）6000 型					主要承受径向载荷
圆锥滚子轴承（GB/T 297—2015）30000 型					可同时承受径向和轴向载荷
推力球轴承（GB/T 301—2015）51000 型					承受单方向的轴向载荷
三种画法的选用场合		当不需要确切地表示滚动轴承的外形轮廓、承载特性和结构特征时采用	当需要较形象地表示滚动轴承的结构特征时采用	滚动轴承的产品图样、产品样本、产品标准和产品使用说明书中采用	

7.4 齿轮

齿轮是广泛使用的传动零件，它不但可以用来传递动力，还可以改变转速和旋转方向。齿轮的轮齿部分已经标准化，常见的齿轮传动如图7-29所示。

a) 圆柱齿轮传动　　b) 锥齿轮传动　　c) 蜗杆传动　　d) 齿轮齿条传动

图 7-29　常见的齿轮传动

齿轮的齿廓形状有多种，常用的是渐开线形。本节主要介绍渐开线标准直齿圆柱齿轮。

7.4.1　直齿圆柱齿轮各部分名称、基本参数及尺寸计算

1. 直齿圆柱齿轮各部分的名称（图7-30）

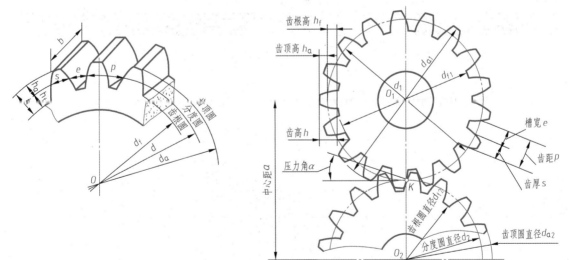

图 7-30　直齿圆柱齿轮各部分的名称

1）齿顶圆：通过轮齿顶部的圆，直径用 d_a 表示。

2）齿根圆：通过轮齿根部的圆，直径用 d_f 表示。

3）分度圆（节圆）：设计和制造齿轮的基准圆，直径用 d 表示。在此圆上，齿厚 s 等

于槽宽 e。两个齿轮啮合时，将分度圆称为节圆。

4）齿距 p：分度圆上相邻两齿廓对应点之间的弧长，$p = s + e = 2s = 2e$。

5）齿顶高 h_a：齿顶圆与分度圆之间的径向距离。

6）齿根高 h_f：齿根圆与分度圆之间的径向距离。

7）齿高 h：齿顶圆与齿根圆之间的径向距离，$h = h_a + h_f$。

8）中心距 a：两个啮合齿轮轴线之间的距离。

2. 直齿圆柱齿轮的基本参数

1）齿数 z：齿轮上轮齿的个数。

2）模数 m：齿轮的齿数 z、齿距 p 和分度圆直径 d 之间的关系：$d\pi = zp$，则 $d = pz/\pi$。令 $m = p/\pi$，因此 $d = mz$，其中 m 称为模数。

模数是齿轮设计、制造和计算中的一个重要参数。模数的数值已经标准化和系列化，见表 7-9。

表 7-9　渐开线圆柱齿轮的模数（摘自 GB/T 1357—2008）

第一系列	1　1.25　1.5　2　2.5　3　4　5　6　8　10　12　16　20　25　32　40　50
第二系列	1.125　1.375　1.75　2.25　2.75　3.5　4.5　5.5　(6.5)　7　9　11　14　18　22　28　36　45

注：优先选用第一系列，括号内模数尽量不用。

3）压力角 α：两个齿轮啮合时，在啮合点上齿轮运动方向和受力方向间的夹角称为压力角，用 α 表示。我国采用的标准压力角为 20°。

3. 直齿圆柱齿轮各部分的尺寸计算

设计齿轮时，当齿轮的齿数、模数和压力角确定后，可按表 7-10 计算其他各部分尺寸。

表 7-10　标准直齿圆柱齿轮各部分尺寸的计算公式

序号	名称	符号	计算公式
1	齿距	p	$p = \pi m$
2	齿顶高	h_a	$h_a = m$
3	齿根高	h_f	$h_f = 1.25m$
4	齿高	h	$h = 2.25m$
5	分度圆直径	d	$d = mz$
6	齿顶圆直径	d_a	$d_a = m(z+2)$
7	齿根圆直径	d_f	$d_f = m(z-2.5)$
8	中心距	a	$a = m(z_1 + z_2)/2$

7.4.2　圆柱齿轮的画法

1. 单个圆柱齿轮的画法（图 7-31）

1）当用视图表示齿轮时，齿顶圆和齿顶线用粗实线绘制；分度圆和分度线用细点画线绘制；齿根圆和齿根线用细实线绘制，一般可省略不画。

2）当齿轮的非圆视图采用剖视时，齿顶线和齿根线用粗实线绘制，分度线用细点画线绘制，轮齿部分按不剖绘制。

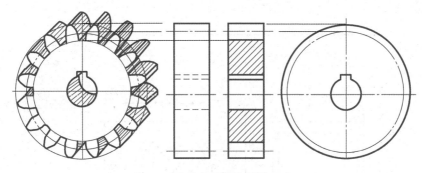

图 7-31　单个圆柱齿轮的画法

3）对于斜齿或人字齿齿轮，绘图时，可在非圆视图中用三条间隔相等且互相平行的细实线表示轮齿的方向。

2. 圆柱齿轮啮合的画法

两个标准圆柱齿轮啮合时，其模数相等，节圆相切。如图 7-32 所示，在两个齿轮的啮合图中，未啮合的部分按单个齿轮的画法绘制，啮合部分的画法如下：

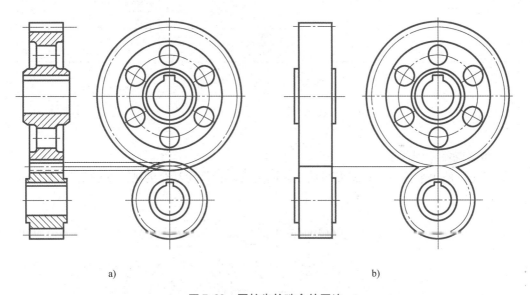

a)　　　　　　　　　　　　　　　　　b)

图 7-32　圆柱齿轮啮合的画法

1）在非圆剖视图中，两齿轮节线重合，画一条细点画线；两条齿根线用粗实线绘制；主动轮的齿顶线认为可见，画粗实线，从动齿轮的齿顶线认为不可见，画虚线或省略不画。

2）在投影为圆的视图中，两齿轮的节圆相切，用细点画线绘制；齿顶圆和齿根圆有两种画法。

画法一：齿顶圆画粗实线，齿根圆画细实线，也可省略不画；

画法二：齿顶圆画粗实线，啮合区内的一段省略不画，整个齿根圆省略不画。

3）在非圆视图中，啮合区内只在节线的位置画一条粗实线。

圆柱齿轮的零件图如图 7-33 所示。

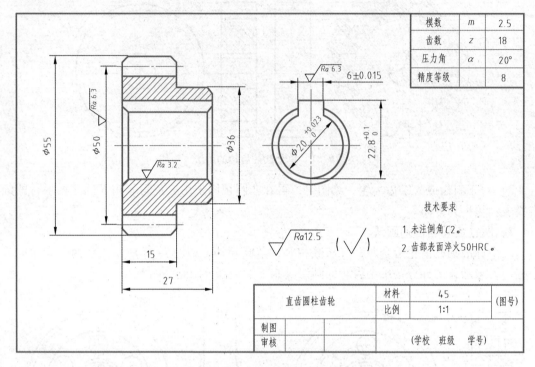

模数	m	2.5
齿数	z	18
压力角	α	20°
精度等级		8

技术要求

1. 未注倒角C2。
2. 齿部表面淬火50HRC。

直齿圆柱齿轮	材料	45	(图号)
	比例	1:1	
制图			
审核		(学校 班级 学号)	

图 7-33 圆柱齿轮的零件图

7.4.3 其他传动齿轮啮合的画法

1. 锥齿轮啮合的画法

锥齿轮一般用来传递垂直相交两轴之间的运动。锥齿轮啮合的画法如图7-34 所示。

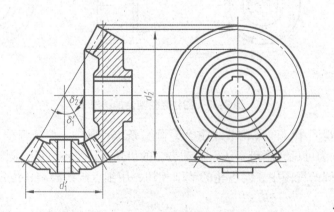

图 7-34 锥齿轮啮合的画法

2. 蜗轮、蜗杆啮合的画法

蜗轮、蜗杆用于传递垂直交叉两轴之间的运动。蜗轮、蜗杆啮合的画法如图7-35 所示。

3. 齿轮、齿条啮合的画法

齿轮、齿条传动可以将旋转运动变为直线运动。齿轮、齿条啮合的画法如图7-36 所示。

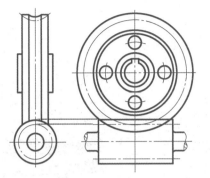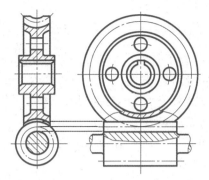

图 7-35 蜗轮、蜗杆啮合的画法

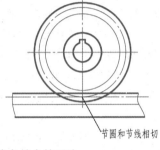

节圆和节线相切

图 7-36 齿轮、齿条啮合的画法

7.5 弹簧

弹簧是应用非常广泛的一种零件，它主要用于减振、夹紧、储存能量、复位和测力等。弹簧的特点是受力后能产生较大的变形，去除外力后能恢复原状。

弹簧的种类很多，常见的有螺旋弹簧、拉伸弹簧、扭转弹簧、板（弓形）弹簧、碟形弹簧和涡卷弹簧等，如图 7-37 所示。

a) 螺旋弹簧　　　　b) 拉伸弹簧　　　　c) 扭转弹簧

d) 板弹簧　　　　e) 碟形弹簧　　　　f) 涡卷弹簧

图 7-37 弹簧的种类

7.5.1 圆柱螺旋压缩弹簧的各部分名称

圆柱螺旋压缩弹簧的各部分名称及代号如图7-38所示。

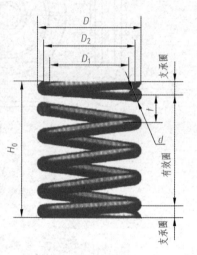

1）簧丝直径 d：制造弹簧的钢丝直径。

2）弹簧外径 D：弹簧的最大直径。

3）弹簧内径 D_1：弹簧的最小直径。

4）弹簧中径 D_2：弹簧的平均直径，$D_2 = (D_1 + D)/2 = D_1 + d = D - d$。

5）节距 t：除两端支承圈外，弹簧上相邻两圈对应两点之间的轴向距离。

6）有效圈数 n：弹簧能保持相同节距的圈数。

7）支承圈数 n_2：为使弹簧工作平稳，将弹簧两端并紧磨平的圈数。支承圈只起支承作用，常见的有1.5圈、2圈和2.5圈三种，其中2.5圈用得最多。

8）弹簧总圈数 n_1：弹簧的有效圈数与支承圈数之和，$n_1 = n + n_2$。

9）弹簧的自由高度 H_0：弹簧未受载荷时的高度，$H_0 = nt + (n_2 - 0.5)d$。

图 7-38　圆柱螺旋压缩弹簧
的各部分名称及代号

10）弹簧展开长度 L：制造弹簧所需要钢丝的长度，$L = n_1 \sqrt{(\pi D_2)^2 + t^2}$。

7.5.2 圆柱螺旋压缩弹簧的规定画法

圆柱螺旋压缩弹簧的画法如图7-39所示。

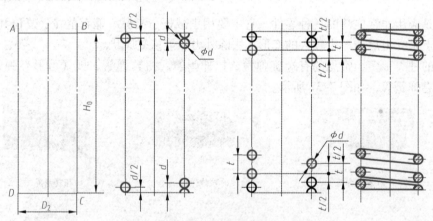

图 7-39　圆柱螺旋压缩弹簧的画法

1）在平行于螺旋压缩弹簧轴线的投影面的视图中，各圈的轮廓线可画成直线。

2）有效圈数在四圈以上的螺旋压缩弹簧，可以只画出其两端的1~2圈（支承圈除外），中间各圈可省略不画，只需用通过簧丝断面中心的细点画线连起来，且可适当缩短图形长度。

3）螺旋弹簧均可画成右旋，但左旋弹簧不论画成左旋或右旋，必须标注旋向"左"字。

4）对于螺旋压缩弹簧，无论其支承圈为多少圈，均可按 2.5 圈绘制，必要时也可按实际圈数绘制。

5）在装配图中，当螺旋弹簧被剖切后，被弹簧挡住的结构一般不画出，可见部分应从弹簧的外轮廓线或弹簧的簧丝断面的中心线画起，如图 7-40a、b 所示。

6）在装配图中，当簧丝直径在图上等于或小于 2mm 时，其断面可以涂黑表示或采用示意画法，如图 7-40b、c 所示。

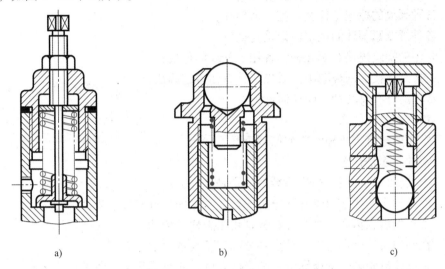

a) b) c)

图7-40　装配图中弹簧的画法

圆柱螺旋压缩弹簧的零件图如图 7-41 所示。

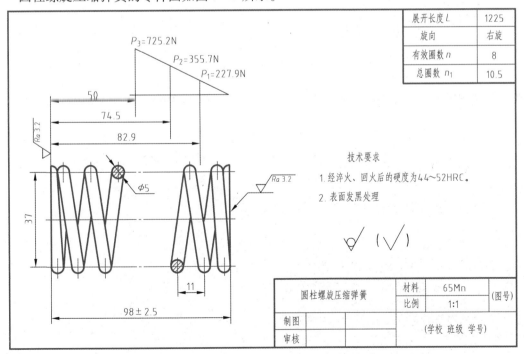

图7-41　圆柱螺旋压缩弹簧的零件图

复习思考题

7-1　按照螺纹分布的表面，螺纹可以分为哪几种？

7-2　螺纹的五要素是什么？

7-3　内、外螺纹的大径、小径和螺纹终止线在各个视图中应分别如何绘制？

7-4　螺纹连接图中螺纹旋合部分应如何绘制？

7-5　各种螺纹的标记是什么？应如何标注？

7-6　各种螺纹紧固件的规定标记是什么？

7-7　常用的螺纹连接有哪几种？各用于怎样的连接？

7-8　在螺纹连接的剖视图中，对连接件有何规定画法？

7-9　常用的键有哪几种？应如何标记？

7-10　键的用途是什么？

7-11　常用的销有哪几种？应如何标记？

7-12　销的用途是什么？

7-13　滚动轴承的作用、结构和类型分别是怎样的？

7-14　滚动轴承的代号由哪几部分组成？代号中的字母和数字各表示什么？

7-15　常见的齿轮传动有哪几种？分别用于怎样的传动？

7-16　在圆柱齿轮剖视图中，轮齿部分的三条线各表示什么？

7-17　在圆柱齿轮啮合剖视图中，啮合区必画的线有哪几条？各表示什么？

7-18　常用的弹簧有哪些？画圆柱螺旋压缩弹簧时需要用到哪些参数？

第8章

CHAPTER 8

零 件 图

任何机器或部件都是由若干零件按照一定的装配关系和技术要求装配而成的。表示零件结构、大小及技术要求的图样，称为零件图。

【学习重点】

1. 了解零件图的内容与作用。
2. 了解并掌握典型零件的结构特点和表达方案的选择。
3. 了解零件上常见的工艺结构。
4. 了解零件图的尺寸标注及零件图上的技术要求。
5. 掌握读零件图的方法与步骤，并能绘制简单的零件图。

8.1 零件图的作用与内容

8.1.1 零件图的作用

零件图是制造零件的主要依据。零件的生产过程是：先根据零件图中标注的材料进行备料，然后按零件图中的图形、尺寸和其他要求进行加工制造，再按照技术要求检验加工完成的零件是否达到规定的质量标准。零件图是设计部门提供给生产部门的重要技术文件。

8.1.2 零件图的内容

零件图是指导制造和检验零件的图样，因此图样中具备了制造和检验该零件时所需要的全部资料。如图 8-1 所示，一张完整的零件图应包括如下内容。

（1）一组图形　用一组图形（包括视图、剖视图、断面图、局部放大图和简化画法等）将零件各部分的结构形状正确、完整、清晰地表达出来。

（2）全部尺寸　正确、完整、清晰、合理地标注出制造零件所需的全部尺寸。

（3）技术要求　用国家标准规定的符号、代号和文字等简明、准确地标注出零件在制

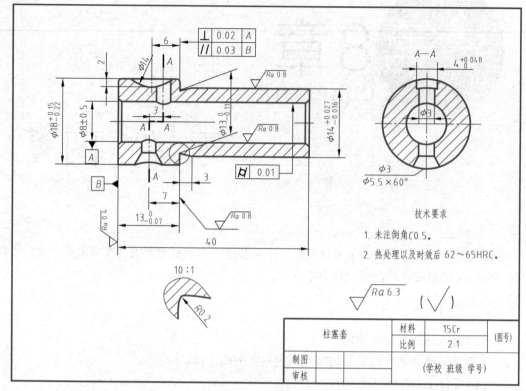

图8-1 柱塞套零件图

造、检验或使用时应达到的各项技术指标，如图8-1所示的表面粗糙度、几何公差、极限与配合、表面处理和热处理等。

（4）标题栏　在标题栏中填写零件名称、绘图比例、材料，以及制图、审核人员签名等内容。

8.2 零件表达方案的选择

　　前几章介绍的各种表达方法，均可用于零件图的表达中。本节将结合零件的设计、加工和使用要求，介绍零件表达方案的选择。

　　选择零件表达方案时，应首先考虑看图方便，根据零件的结构特点，选用适当的表示方法。零件的结构形状是多种多样的，因此在画图前，应对零件进行结构形状分析，结合零件的工作位置和加工位置，选择最能反映零件形状特征的视图作为主视图，并选择好其他视图，以确定一组最佳的表达方案。

8.2.1 零件分析

　　零件分析是认识零件的过程，是确定零件表达方案的前提。零件的结构形状及其工作位置或加工位置不同，视图选择往往也不同。因此，在选择视图之前，应首先对零件进行形体分析和结构分析，并了解零件的工作和加工情况，以便确切地表达零件的结构形状，反映零件的设计和工艺要求。

8.2.2　主视图的选择

主视图是表达零件形状最重要的视图，其选择是否合理将直接影响其他视图的选择和续图是否方便。一般情况下，零件主视图的选择应满足合理位置和形状特征两个基本原则。

1. 合理位置原则

所谓"合理位置"通常是指零件的加工位置和工作位置。

（1）加工位置　加工位置是零件在加工时所处的位置（或称装夹位置）。主视图应尽量表示零件在机床上加工时所处的位置，在加工零件时可以直接进行图物对照，既便于看图和测量尺寸，又可减少差错。如轴套类零件的加工，大部分工序是在车床或磨床上进行的，因此通常要按加工位置（即轴线水平放置）画其主视图，如图8-2所示。

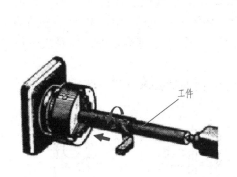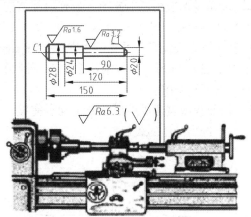

图8-2　轴类零件的加工位置

（2）工作位置　工作位置是零件在装配体中所处的位置（或称安装位置）。零件主视图的放置应尽量与零件在机器或部件中的工作位置一致，以便于根据装配关系来考虑零件的形状及有关尺寸，同时也方便校对。因为箱体、叉架类零件加工工序多，加工位置经常变化，所以这两类零件应按其在机器中的工作位置绘制主视图，以便于读图和指导安装。

2. 形状特征原则

确定了零件的安放位置后，还要确定主视图的投射方向。形状特征原则就是将最能反映零件形状特征的方向作为主视图的投射方向，即主视图要较多地反映零件各部分的形状及它们之间的相对位置，以满足表达零件清晰的要求。如图8-3a所示，在选择阀体主视图时，通过A和B两个投射方向的选择比较，A方向视图比B方向视图更能反映该零件的形状和结构特点，因此应选择A方向作为主视图的投射方向。

8.2.3　其他视图的选择

一般情况下，仅用一个主视图不能完全反映零件的结构形状，还需要选择其他视图（包括视图、剖视图、断面图和局部放大图等）进行补充表达。选用其他视图时，应注意以下几点：

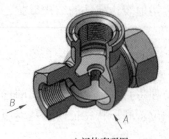

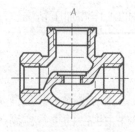

a) 阀体直观图　　　　　　　b) A方向视图　　　　　　c) B方向视图

图 8-3　阀体主视图选择

1）根据零件的复杂程度及内、外结构形状，全面地考虑还需要的其他视图，使每个所选视图应具有独立存在的意义及明确的表达重点，注意避免不必要的细节重复，在明确表达零件的前提下，使视图数量最少。

2）优先考虑采用基本视图，当有内部结构时应尽量在基本视图上作剖视；对尚未表达清楚的局部结构和倾斜部分结构，可增加必要的局部（剖）视图和局部放大图；有关的视图应尽量保持直接投影关系，配置在相关视图附近。如图 8-4 所示，在零件脚踏座的两个表达方案中，图 8-4a 所示的方案比图 8-4b 所示的方案少用了一个基本视图，而且表达得更清晰，便于读图和画图。

3）按照视图表达零件形状要正确、完整、清晰、简便的要求，进一步综合、比较、调整、完善，选出最佳的表达方案。

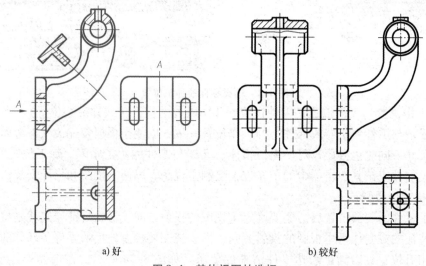

a) 好　　　　　　　　　　　b) 较好

图 8-4　其他视图的选择

8.3　零件图的尺寸标注

零件图中的尺寸不但要求标注得正确、完整和清晰，而且应标注得合理。为了合理地标

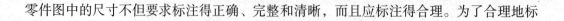

注尺寸，必须对零件进行结构分析、形体分析和工艺分析，根据分析先确定尺寸基准，然后选择合理的标注形式，结合零件的具体情况标注尺寸。

8.3.1 正确选择尺寸基准

基准就是标注或量取尺寸的起点。基准的选择直接影响能否达到设计要求，是否满足加工要求。

根据用途的不同，基准可分为以下两类：

1）设计基准。用于确定零件在机器中位置的点、线、面的基准，称为设计基准。根据零件的结构特点，其有长、宽、高三个方向，每个方向都要有一个设计基准，该基准又称为主要基准。

2）工艺基准。在加工时，确定零件装夹位置和刀具位置以及检测时所使用的基准，称为工艺基准。工艺基准应尽可能与设计基准重合（基准重合原则），该基准不与设计基准重合时又称为辅助基准。

零件同一方向有多个尺寸基准时，主要基准只有一个，其余均为辅助基准。辅助基准与主要基准之间必有一个尺寸相联系，该尺寸称为联系尺寸。

如图 8-5 所示为齿轮轴在工作时的位置，端面 A 是确定轴向位置的定位面，轴线 B 是确定径向位置的定位线，因此其轴向的设计基准是端面 A，径向的设计基准是轴线 B。同时轴线 B 也为工艺基准。

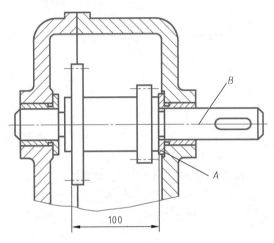

图 8-5　设计基准与工艺基准

8.3.2 合理选择标注尺寸应注意的问题

1. 重要尺寸必须直接注出

重要尺寸是指零件上与机器的使用性能和装配质量有关的尺寸，这类尺寸应从设计基准直接注出。如图 8-6 所示的高度尺寸 a 为重要尺寸，应从高度方向主要基准直接注出，以保证精度要求。

2. 避免出现封闭的尺寸链

封闭的尺寸链是指一个零件同一方向上的尺寸首尾相连接形成的尺寸组。如图 8-7 所示，各分段尺寸与总体尺寸间形成封闭的尺寸链，在机械加工中是不允许的，因为各段尺寸加工不可能绝对精确，总有一定的尺寸误差，而各段尺寸误差的和不可能正好等于总体尺寸的误差。为此，在标注尺寸时，应将次要的尺寸空出不注（称为开环），如图 8-8a 所示。其他各段加工的误差都积累至这个不要求检验的尺寸上，而总体及主要尺寸则因此得到保证。如需标注开环的尺寸时，可将其注成参考尺寸，如图 8-8b 所示。

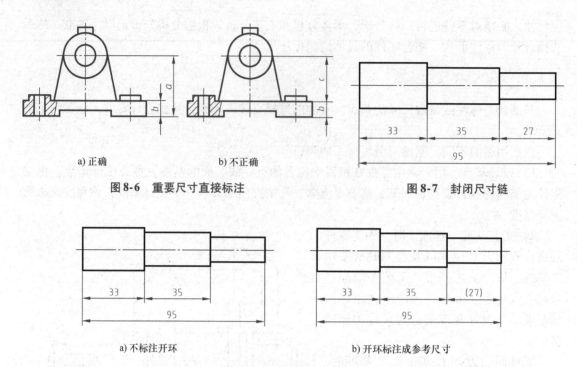

a) 正确　　　　　　　b) 不正确

图 8-6　重要尺寸直接标注

图 8-7　封闭尺寸链

a) 不标注开环　　　　　　　　　　b) 开环标注成参考尺寸

图 8-8　开环的确定与标注

3. 标注尺寸时要便于加工与测量

尺寸标注有多种方案，但要注意所注尺寸是否便于测量。如图 8-9 所示，两种不同标注方案中，不便于测量的标注方案是不合理的。

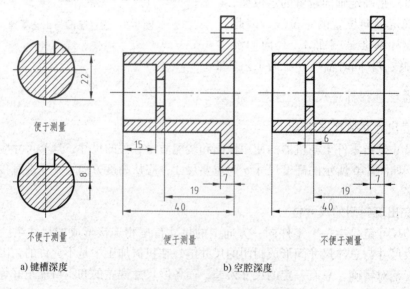

便于测量

不便于测量

便于测量

不便于测量

a) 键槽深度　　　　　　　　　　b) 空腔深度

图 8-9　尺寸标注应便于加工与测量

4. 应考虑加工方法，符合加工顺序

按加工顺序标注尺寸，便于加工与测量。符合加工顺序的尺寸标注如图 8-10 所示。

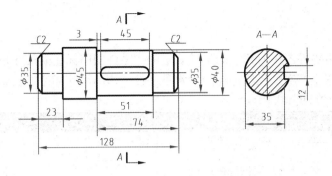

a) 轴的尺寸标注

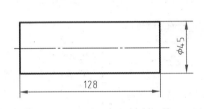

b) 落料尺寸ϕ45、128

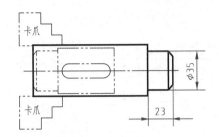

c) 加工一端ϕ35、23

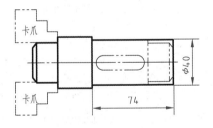

d) 掉头加工另一端ϕ40、74

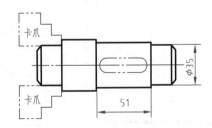

e) 继续加工ϕ35、51

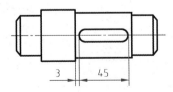

f) 加工键槽45、3

图8-10 符合加工顺序的尺寸标注

8.3.3　零件图上常见结构的尺寸标注

零件的大小是由零件图中所标注的尺寸确定的。零件图中标注的尺寸是设计人员按照国家标准规定，并根据生产实践经验标注的。常见零件结构的尺寸标注见表8-1。

表8-1　常见零件结构的尺寸标注

类型	普通注法	旁注法		说明
光孔	4×φ6　C1　10	4×φ6▼10　C1	4×φ6▼10　C1	"▼"为孔深符号、"C"为45°倒角符号
	4×φ6H7　10　12	4×φ6H7▼10　孔▼12	4×φ6H7▼10　孔▼12	钻孔深度为12mm，精加工孔深度为10mm　H7表示孔的配合要求
	该孔无普通注法	锥销孔φ6　配作	4×φ6H7▼10　孔▼12	"配作"是指该孔与相邻零件的同位锥销孔一起加工　φ6mm是指与其相配的圆锥销的小端直径
锪孔	φ13　4×φ6.6	4×φ6.6　⊔φ13	4×φ6.6　⊔φ13	"⊔"为锪孔、沉孔符号　锪孔通常只需要锪出圆平面即可，因此锪孔深度一般不注
沉孔	90°　φ13　4×φ6.6	4×φ6.6　⌵φ13×90°	4×φ6.6　⌵φ13×90°	"⌵"为埋头孔符号。该孔用于安装开槽沉头螺钉
	φ13　6　4×φ6.6	4×φ6.6　⊔φ13▽6	4×φ6.6　⊔φ13▽6	该孔用于安装内六角圆柱头螺钉，沉孔直径和孔深均应注出

（续）

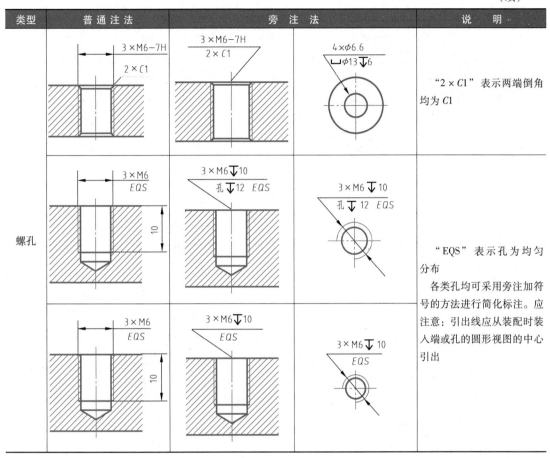

类型	普通注法	旁注法		说明
螺孔				"2×C1"表示两端倒角均为C1 "EQS"表示孔为均匀分布 各类孔均可采用旁注加符号的方法进行简化标注。应注意：引出线应从装配时装入端或孔的圆形视图的中心引出

8.4 零件上常见的工艺结构

对于汽车和机床等机器设备上的多数零件，通常的制造过程是先制造出毛坯件，再将毛坯件经机械加工制作成零件。

8.4.1 铸造工艺结构

1. 铸造圆角

为了便于起模和避免砂型尖角在浇注时发生落砂，以及防止铸件两表面的尖角处出现裂纹、缩孔，将铸件各表面相交处做成圆角，称为铸造圆角，如图8-11a所示。在零件图上，该圆角一般都画出并标注圆角半径。当圆角半径相同（或多数相同）时，也可将其半径尺寸在技术要求中用文字说明，如图8-11b所示。

2. 起模斜度

造型时，为了能将模型顺利地从砂型中提取出来，常在铸件的内外壁上沿着起模方向设

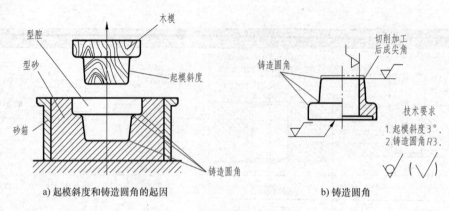

a) 起模斜度和铸造圆角的起因

b) 铸造圆角

图 8-11　铸造圆角与起模斜度

计出斜度，即起模斜度，如图 8-11a 所示。该斜度在零件图上可以不画出，也不标注，如有特殊要求，可在技术要求中说明。

3. 铸件壁厚

如果铸件的壁厚不均匀，则冷却的速度就不一样。壁薄处先冷却、先凝固，壁厚处后冷却，凝固收缩时因没有足够的金属液来补充，此处极易形成缩孔或在壁厚突变处产生裂纹，因此铸件壁厚都尽量设计均匀或采用逐渐过渡的结构，如图 8-12c 所示。

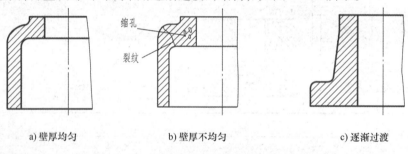

a) 壁厚均匀　　　　　b) 壁厚不均匀　　　　　c) 逐渐过渡

图 8-12　铸件的壁厚

4. 过渡线

由于有铸造圆角，使铸件表面的相贯线、交线变得不够明显，这种线称为过渡线。在图样中，过渡线是按没有圆角时的相贯线、交线画出的，如图 8-13 所示。

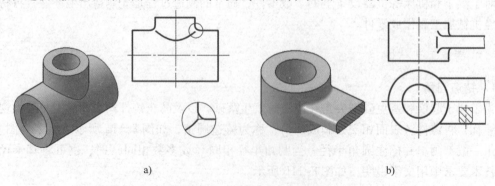

a)　　　　　　　　　　　　　　b)

图 8-13　零件图中的过渡线

8.4.2　机械加工工艺结构

1. 倒角和倒圆

为了去除轴端和孔口的毛刺、锐边，便于装配，常将轴端和孔口做成锥台，称为倒角。为了避免应力集中产生裂纹，往往将轴肩处加工成圆角的形式，此圆角称为倒圆，如图8-14a所示。

45°倒角用 C 表示，在不致引起误解的情况下，零件图中的45°倒角和圆角都可以省略不画，如图8-14b 所示。非45°倒角的画法及标注如图8-14c 所示，分别标注角度和轴向尺寸。

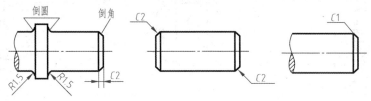

a) 倒圆与倒角及标注

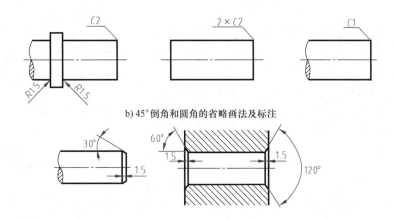

b) 45°倒角和圆角的省略画法及标注

c) 非45°倒角的画法及标注

图 8-14　倒角和倒圆的画法与标注

2. 退刀槽和砂轮越程槽

切削时（主要是车削螺纹或磨削轴），为了便于退出刀具或使砂轮可稍微越过加工面，常在被加工面的轴肩处预先车出退刀槽或砂轮越程槽，如图8-15 所示。其尺寸可按"槽宽×槽深"或"槽宽×直径"的形式注出。当槽的结构比较复杂时，通常画出局部放大图标注尺寸。

3. 凸台和凹坑

为了使零件表面接触良好和减少加工面积，常在铸件的接触部位铸出凸台和凹坑，其常见形式如图8-16 所示。

4. 钻孔结构

零件上各种不同形式和用途的孔大部分是用钻头加工而成的。钻孔时，钻头的轴线应与被加工表面垂直，以保证钻孔位置准确，并且避免钻头因受力不均匀而折断。如图 8-17a 所

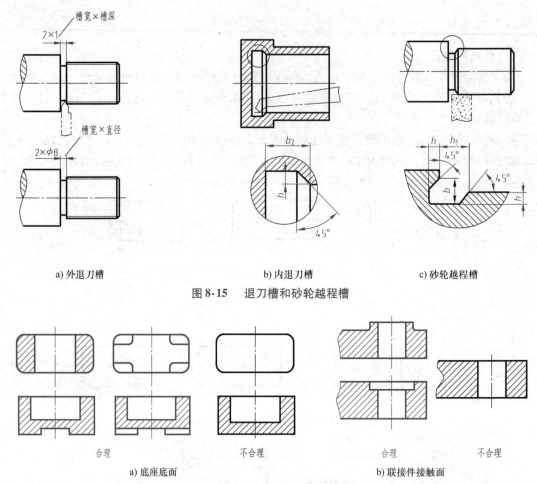

| a) 外退刀槽 | b) 内退刀槽 | c) 砂轮越程槽 |

图 8-15　退刀槽和砂轮越程槽

| 合理 | 不合理 | | 合理 | 不合理 |

| a) 底座底面 | | b) 联接件接触面 |

图 8-16　凸台和凹坑

示，当零件表面为倾斜表面时，钻头单边受力容易折断和孔轴线偏斜，因此应将被加工表面设计成凸台或凹坑，保证钻头轴线与被加工表面垂直，如图 8-17b 所示。

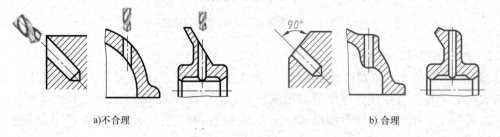

| a)不合理 | b) 合理 |

图 8-17　钻孔结构

8.5　零件图上的技术要求

零件图上除了有图形和尺寸外，还有制造零件的一些质量要求，一般称为技术要求。其主要内容包括表面结构、尺寸公差、几何公差、材料热处理及表面处理等。技术要求一般应尽量用技术标准规定的符号、代号或者标记标注在零件图中；没有规定的，可用简明的文字逐项写在适当位置。

8.5.1 表面结构的表示法

表面结构是表面粗糙度、表面波纹度、表面缺陷、表面纹理和表面几何形状的总称。表面结构的各项要求在 GB/T 131—2006《产品几何技术规范（GPS） 技术产品文件中表面结构的表示法》中均有具体规定。本节主要介绍常用的表面粗糙度的表示法。

1. 表面粗糙度的概念

表面粗糙度是指加工表面上具有的由较小间距和峰谷所组成的微观几何形状特征。

经过加工的零件表面，看起来很光滑，但将其置于放大镜（或显微镜）下观察时，则可见其表面具有微小的峰谷，如图 8-18 所示。这是由于在加工过程中，刀具从零件表面上分离材料时的塑性变形、机械振动及刀具与被加工表面的摩擦产生的。表面粗糙度对零件的耐磨性、抗疲劳强度、抗腐蚀性、密封性、外观以及零件间的配合性能等都有很大影响。

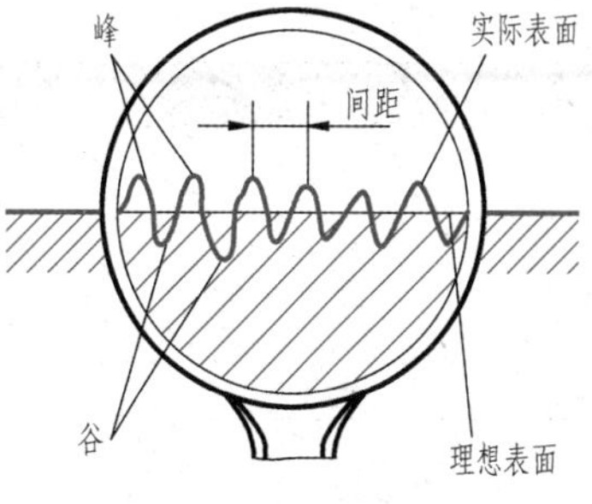

表面越粗糙，零件的表面性能越差；反之，则表面性能越好，但加工成本也越高。因此，在满足使用要求的前提下，应选用较为经济的评定参数值，以降低成本。

图 8-18 显微镜下零件表面的情况

国家标准规定轮廓参数是我国机械图样中最常用的评定参数，这里主要介绍轮廓算术平均偏差 Ra 和轮廓最大高度 Rz。

1）轮廓算术平均偏差 Ra：指在一个取样长度内，纵坐标 $Z(x)$ 绝对值的算术平均值，如图 8-19 所示。

2）轮廓最大高度 Rz：指在一个取样长度内，最大轮廓峰高与最大轮廓谷深之和，如图 8-19 所示。

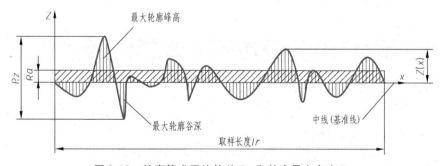

图 8-19 轮廓算术平均偏差 Ra 和轮廓最大高度 Rz

在 GB/T 1031—2009 中规定了 Ra 和 Rz 的系列值，见表 8-2。

2. 表面结构图形符号及标注

零件表面结构图形符号及其在图样上的注法应符合 GB/T 131—2006 的规定，图样上标注的表面结构图形符号是对该表面完工后的要求。

表 8-2 Ra、Rz 系列值 　　　　　　　　　　　　　　　　　　　　　　　　　（单位：μm）

Ra	Rz	Ra	Rz
0.012		6.3	6.3
0.025	0.025	12.5	12.5
0.05	0.05	25	25
0.1	0.1	50	50
0.2	0.2	100	100
0.4	0.4		200
0.8	0.8		400
1.6	1.6		800
3.2	3.2		1600

　　表面结构图形符号及其含义见表 8-3，表面结构代号示例见表 8-4，表面结构要求在图样中的标注示例见表 8-5。

表 8-3 表面结构图形符号及其含义

符号名称	符号样式	含义及说明
基本图形符号		未指定工艺方法的表面。基本图形符号仅用于简化代号标注，没有补充说明时不能单独使用
扩展图形符号		用去除材料的方法获得的表面，如通过车、铣、刨、磨等机械加工获得的表面；仅当其含义是"被加工表面"时可单独使用
		用不去除材料的方法获得的表面，如铸、锻等；也可用于保持上道工序形成的表面，不管这种状况是通过去除材料或不去除材料形成的
完整图形符号		在基本图形符号或扩展图形符号的长边上加一横线，用于标注表面结构特征的补充信息
工件轮廓各表面的图形符号		当在图样某个视图上构成封闭轮廓的各表面有相同的表面结构要求时，应在完整图形符号上加一圆圈，标注在图样中工件的封闭轮廓线上

表 8-4 表面结构代号示例

代号	含义/说明
$\sqrt{\ }\ Ra\,1.6$	表示去除材料，单向上限值，默认传输带，R 轮廓，轮廓算术平均偏差为 1.6μm，评定长度为 5 个取样长度（默认），"16% 规则"（默认）
$\sqrt{\ }\ Rz\ max\,0.2$	表示不允许去除材料，单向上限值，默认传输带，R 轮廓，轮廓最大高度的最大值为 0.2μm，评定长度为 5 个取样长度（默认），"最大规则"
$\sqrt{\ }\ U\,Ra\ max3.2$ $L\,Ra\,0.8$	表示不允许去除材料，双向极限值，两极限值均使用默认传输带，R 轮廓，上限值：轮廓算术平均偏差为 3.2μm，评定长度为 5 个取样长度（默认），"最大规则"；下限值：轮廓算术平均偏差为 0.8μm，评定长度为 5 个取样长度（默认），"16% 规则"（默认）
铣 $\sqrt{\ }\ -0.8/Ra\,3\ 6.3$ ⊥	表示去除材料，单向上限值，传输带：根据 GB/T 6062，取样长度为 0.8mm，R 轮廓，轮廓算术平均偏差极限值为 6.3μm，评定长度包含 3 个取样长度，"16% 规则"（默认），加工方法：铣削，纹理垂直于视图所在的投影面

表8-5 表面结构要求在图样中的标注示例

说明	示例
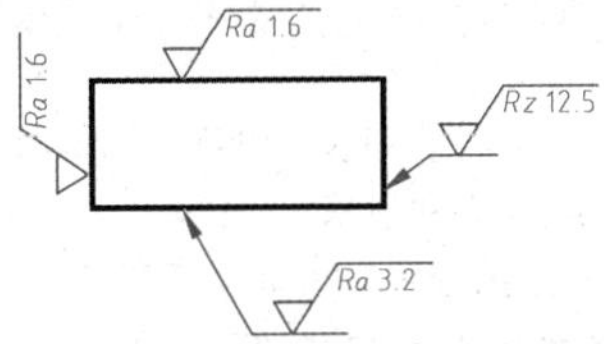	表面结构要求对每一表面一般只标注一次，并尽可能注在相应的尺寸及其公差的同一视图上 表面结构的注写和读取方向与尺寸的注写和读取方向一致
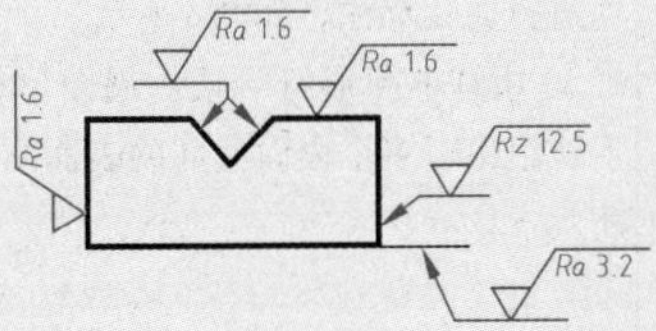 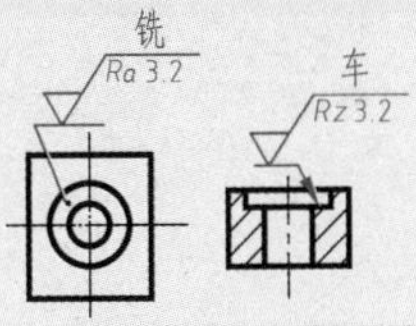	表面结构要求可标注在轮廓线或其延长线上，其符号应从材料外指向并接触表面。必要时，表面结构符号也可用带箭头和黑点的指引线引出标注
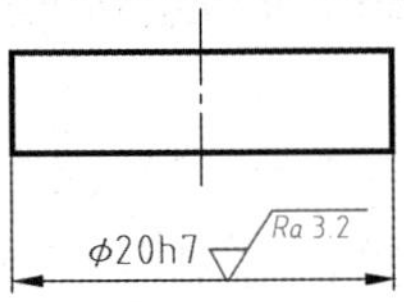 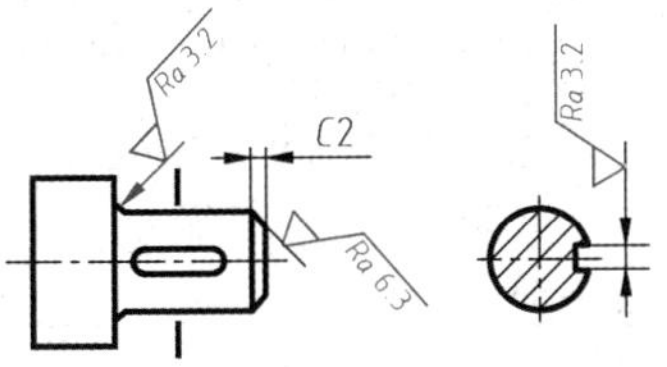	在不致引起误解时，表面结构要求可以标注在给定的尺寸线上
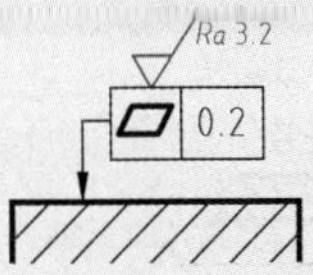 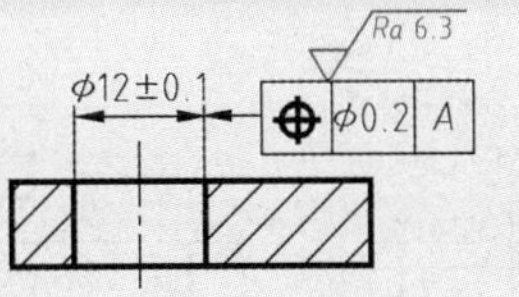	表面结构要求可以标注在几何公差框格的上方
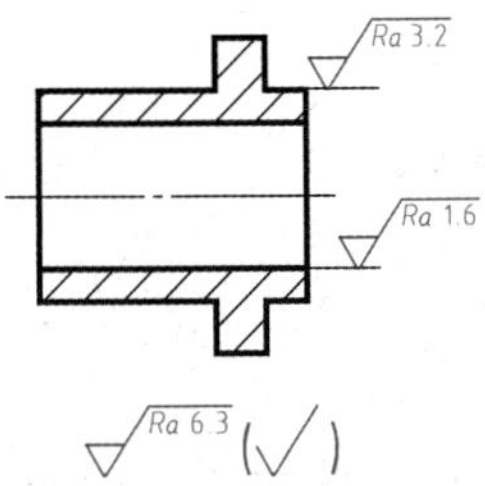 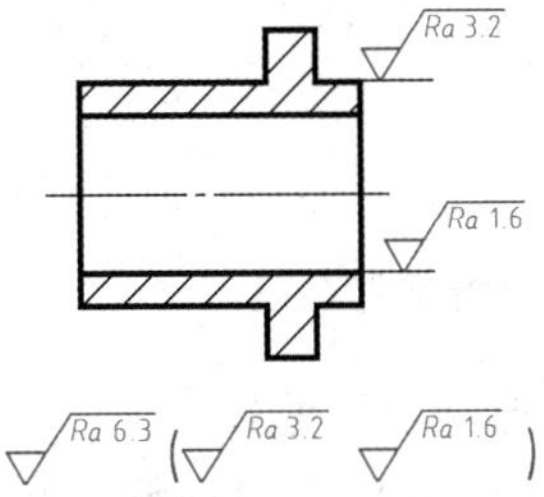	如果在工件的多数表面有相同的表面结构要求，则其表面结构要求可统一标注在图样的标题栏附近。此时，表面结构要求的代号后面应有以下两种情况：①在圆括号内给出无任何其他标注的基本符号，如图 a 所示；②在圆括号内给出不同的表面结构要求，如图 b 所示

（续）

说明	示例
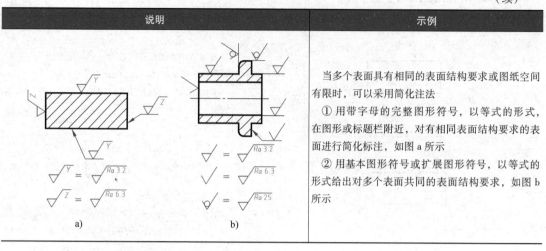 a) b)	当多个表面具有相同的表面结构要求或图纸空间有限时，可以采用简化注法 ① 用带字母的完整图形符号，以等式的形式，在图形或标题栏附近，对有相同表面结构要求的表面进行简化标注，如图 a 所示 ② 用基本图形符号或扩展图形符号，以等式的形式给出对多个表面共同的表面结构要求，如图 b 所示

8.5.2 极限与配合

1. 极限与配合的概念

（1）零件的互换性 在一批相同的零件中任取一个，不需修配便可装到机器上并能满足使用要求的性质，称为互换性。

为使零件具有互换性，必须保证零件的尺寸、表面粗糙度、几何形状及零件上有关要素的相互位置等技术要求的一致性。就尺寸而言，互换性要求尺寸的一致性，并不是要求零件都准确地制成一个指定的尺寸，而是限定其在一个合理的范围内变动。对于相互配合的零件，这个范围，一是要求在使用和制造上是合理、经济的；二是要求保证相互配合的尺寸之间形成一定的配合关系，以满足不同的使用要求。前者要以公差的标准化——极限制来实现，后者要以"配合"的标准化来实现，由此产生了"极限与配合"制度。

（2）公差的有关术语（GB/T 1800.1—2009，图8-20）

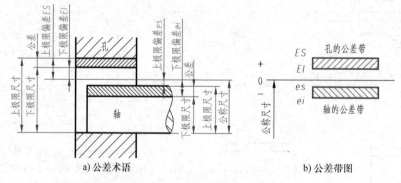

a）公差术语 b）公差带图

图8-20 公差术语和公差带图

1）公称尺寸：由图样规范确定的理想形状要素的尺寸。

2）实际（组成）要素：由接近实际（组成）要素所限定的工件实际表面的组成要素部分。

3）极限尺寸：尺寸要素允许的尺寸的两个极端。尺寸要素允许的最大尺寸称为上极限尺寸，尺寸要素允许的最小尺寸称为下极限尺寸。

4）尺寸偏差：某一尺寸减其公称尺寸所得的代数差。有上极限偏差和下极限偏差之分。

5）上极限偏差：上极限尺寸减其公称尺寸所得的代数差称为上极限偏差。孔的上极限偏差用 ES 表示，轴的上极限偏差用 es 表示。

6）下极限偏差：下极限尺寸减其公称尺寸所得的代数差称为下极限偏差。孔的下极限偏差用 EI 表示，轴的下极限偏差用 ei 表示。极限偏差可为正、负或零。

7）尺寸公差（简称公差）：允许尺寸的变动量。尺寸公差等于上极限尺寸减去下极限尺寸，或上极限偏差减去下极限偏差。公差总是大于零的正数。

8）公差带：在公差带图解中，由代表上极限偏差和下极限偏差或上极限尺寸和下极限尺寸的两条直线所限定的一个区域，如图 8-20b 所示。公差带是由标准公差和基本偏差确定的，标准公差决定公差带的高度，基本偏差确定公差带相对零线的位置。

9）标准公差：由国家标准规定的公差值，其大小由公差等级和公称尺寸决定。国家标准 GB/T 1800.1—2009 将公差划分为 20 个等级，分别为 IT01、IT0、IT1、IT2、…、IT18，其中 IT01 精度最高，IT18 精度最低。公称尺寸相同时，公差等级越高（数值越小），标准公差越小；公差等级相同时，公称尺寸越大，标准公差越大 。

10）基本偏差：用于确定公差带相对零线位置的那个极限偏差，一般为靠近零线的那个极限偏差。基本偏差系列如图 8-21 所示。当公差带在零线上方时，基本偏差为下极限偏差；当公差带在零线下方时，基本偏差为上极限偏差；当零线穿过公差带时，离零线近的极限偏差为基本偏差；当公差带关于零线对称时，基本偏差为上极限偏差或下极限偏差，如 JS（js）。

（3）配合的有关术语　公称尺寸相同的并且相互结合的孔和轴公差带之间的关系，称为配合。由于孔和轴的实际尺寸不同，装配后可能产生间隙或过盈。

根据孔、轴之间形成间隙或过盈的情况，可将配合分为以下三类：

1）间隙配合。具有间隙的配合称为间隙配合，包括最小间隙等于零。此时，孔的公差带在轴的公差带之上，如图 8-22 所示。间隙配合主要用于孔、轴间的活动连接。

2）过盈配合。具有过盈的配合称为过盈配合，包括最小过盈等于零。此时，孔的公差带在轴的公差带之下，如图 8-23 所示。过盈配合主要用于孔、轴间的紧固连接，它不允许两者有相对运动。

3）过渡配合。可能具有间隙或过盈的配合称为过渡配合。此时，孔的公差带与轴的公差带相互交叠，如图 8-24 和图 8-25 所示。过渡配合主要用于孔、轴间的定位连接。

2. 配合制度

国家标准规定有基孔制和基轴制两种配合制度。

（1）基孔制配合　基本偏差一定的孔的公差带与不同基本偏差的轴的公差带形成各种配合的一种制度，称为基孔制配合，如图 8-26 所示。在基孔制配合中选作基准的孔，称为基准孔，其代号为 H，它的基本偏差为下极限偏差，其值为零，即孔的下极限尺寸与公称尺寸相等。在基孔制配合中，轴的基本偏差从 a ~ h 用于间隙配合，从 j ~ zc 用于过渡配合和过盈配合。

例如，在基孔制配合中，$\phi 50H7/f7$ 为间隙配合，$\phi 50H7/k6$ 和 $\phi 50H7/n6$ 为过渡配合，$\phi 50H7/s6$ 为过盈配合，它们的配合示意图，即孔、轴公差带之间的关系如图 8-26 所示。

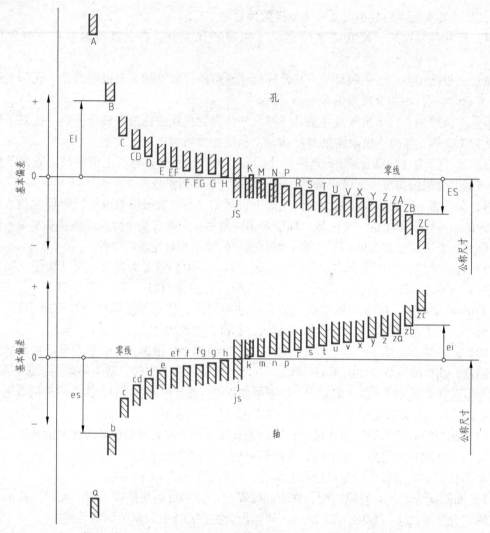

图 8-21　基本偏差系列

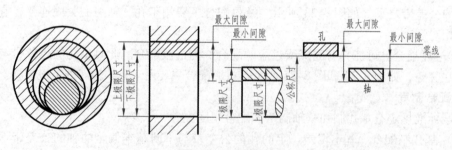

图 8-22　间隙配合

（2）基轴制配合　基本偏差一定的轴的公差带与不同基本偏差的孔的公差带形成各种配合的一种制度，称为基轴制配合，如图 8-27 所示。在基轴制配合中选作基准的轴，称为基准轴，其代号为 h，它的基本偏差为上极限偏差，其值为零，即轴的上极限尺寸与公称尺寸相等。在基轴制配合中，孔的基本偏差从 A ~ H 用于间隙配合，从 J ~ ZC 用于过渡配合和过盈配合。

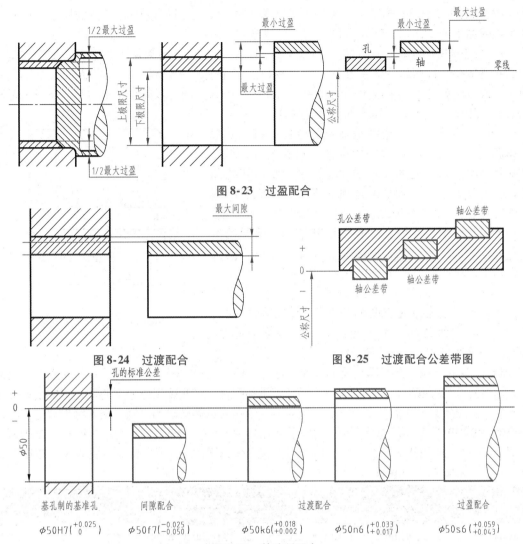

图 8-23 过盈配合

图 8-24 过渡配合

图 8-25 过渡配合公差带图

图 8-26 基孔制配合

例如，在基轴制配合中，$\phi50F7/h6$ 为间隙配合，$\phi50K7/h6$ 和 $\phi50N7/h6$ 为过渡配合，$\phi50S7/h6$ 为过盈配合，它们的配合示意图，即孔、轴公差带之间的关系如图 8-27 所示。

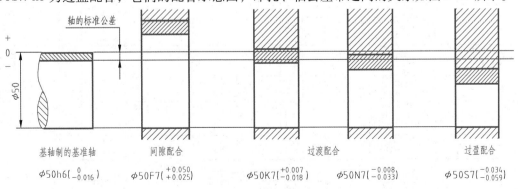

图 8-27 基轴制配合

（3）极限与配合的选用　正确地选择极限与配合，不但可以提高机器的质量，而且能减少机械加工的工作量，以获得最佳的经济效益。

1）配合制的选择。一般情况下，优先选用基孔制配合。因为从工艺上看，加工中等尺寸的孔通常要用价格昂贵的扩孔钻、铰刀或拉刀等定值（不可调）刀具，而加工轴则用一把车刀或砂轮就可以加工出不同的尺寸。因此，采用基孔制可以减少定值刀具、量具的品种和数量，降低生产成本，提高加工的经济性。

但在有些情况下，选用基轴制配合更好些。如图8-28 所示，活塞销与活塞的两个孔是过渡配合，与连杆孔是间隙配合。此时，若采用基孔制，则活塞孔和连杆孔公差带相同，活塞销必须加工成两端大、中间小的阶梯状以实现两种配合，这不仅增加了加工量，而且装配时易拉伤连杆孔。若采用基轴制，活塞销按一种公差带加工成光轴，而活塞孔和连杆孔按不同公差带加工，从而获得不同的配合。

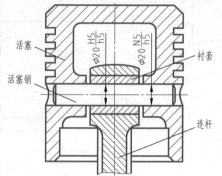

图 8-28　使用基轴制图例

2）公差等级的选择。在保证零件正常使用要求的条件下，应尽量选择比较低的公差等级，以降低制造成本。公差等级越高，加工越困难。公差等级低时，轴孔配合可选择相同的公差等级。

3）配合的选择。国家标准规定了 20 个公差等级，基本偏差有 28 种，且任一基本偏差和任一标准公差均可以组合，得到大量不同公差带和配合。在实际工作中，使用过多的公差带不利于生产，因此为了降低生产成本，必须对公差带的数量做必要的限制，国家标准规定了一般公差带、常用公差带和优先公差带。构成了基孔制优先配合 13 种，常用配合 59 种；基轴制优先配合 13 种，常用配合 47 种。选择配合时，应尽量选用优先和常用配合，见表 8-6 和表 8-7。

表 8-6　基孔制优先、常用配合

基准孔	轴																							
	a	b	c	d	e	f	g	h	js	k	m	n	p	r	s	t	u	v	x	y	z			
	间隙配合								过渡配合			过盈配合												
H6						$\frac{H6}{f5}$	$\frac{H6}{g5}$	$\frac{H6}{h5}$	$\frac{H6}{js5}$	$\frac{H6}{k5}$	$\frac{H6}{m5}$	$\frac{H6}{n5}$	$\frac{H6}{p5}$	$\frac{H6}{r5}$	$\frac{H6}{s5}$	$\frac{H6}{t5}$								
H7						$\frac{H7}{f6}$	$\frac{H7}{g6}$	$\frac{H7}{h6}$	$\frac{H7}{js6}$	$\frac{H7}{k6}$	$\frac{H7}{m6}$	$\frac{H7}{n6}$	$\frac{H7}{p6}$	$\frac{H7}{r6}$	$\frac{H7}{s6}$	$\frac{H7}{t6}$	$\frac{H7}{u6}$	$\frac{H7}{v6}$	$\frac{H7}{x6}$	$\frac{H7}{y6}$	$\frac{H7}{z6}$			
H8				$\frac{H8}{e7}$	$\frac{H8}{f7}$	$\frac{H8}{g7}$		$\frac{H8}{h7}$	$\frac{H8}{js7}$	$\frac{H8}{k7}$	$\frac{H8}{m7}$	$\frac{H8}{n7}$	$\frac{H8}{p7}$	$\frac{H8}{r7}$	$\frac{H8}{s7}$	$\frac{H8}{t7}$	$\frac{H8}{u7}$							
			$\frac{H8}{d8}$	$\frac{H8}{e8}$	$\frac{H8}{f8}$			$\frac{H8}{h8}$																
H9			$\frac{H9}{c9}$	$\frac{H9}{d9}$	$\frac{H9}{e9}$	$\frac{H9}{f9}$		$\frac{H9}{h9}$																
H10			$\frac{H10}{c10}$	$\frac{H10}{d10}$				$\frac{H10}{h10}$																
H11	$\frac{H11}{a10}$	$\frac{H11}{b11}$	$\frac{H11}{c11}$	$\frac{H11}{d11}$				$\frac{H11}{h11}$																
H12		$\frac{H12}{b12}$						$\frac{H12}{h12}$																

注：1. $\frac{H6}{n5}$、$\frac{H7}{p6}$ 在公称尺寸小于或等于 3mm 和 $\frac{H8}{r7}$ 在公称尺寸小于或等于 100mm 时，为过渡配合。

2. 标注◢的配合为优先配合。

表8-7 基轴制优先、常用配合

基准轴	孔																				
	A	B	C	D	E	F	G	H	JS	K	M	N	P	R	S	T	U	V	X	Y	Z
	间隙配合								过渡配合				过盈配合								
h5						$\frac{F6}{h5}$	$\frac{G6}{h5}$	$\frac{H6}{h5}$	$\frac{JS6}{h5}$	$\frac{K6}{h5}$	$\frac{M6}{h5}$	$\frac{N6}{h5}$	$\frac{P6}{h5}$	$\frac{R6}{h5}$	$\frac{S6}{h5}$	$\frac{T6}{h5}$					
h6						$\frac{F7}{h6}$	$\frac{G7}{h6}$	$\frac{H7}{h6}$	$\frac{JS7}{h6}$	$\frac{K7}{h6}$	$\frac{M7}{h6}$	$\frac{N7}{h6}$	$\frac{P7}{h6}$	$\frac{R7}{h6}$	$\frac{S7}{h6}$	$\frac{T7}{h6}$	$\frac{U7}{h6}$				
h7					$\frac{E8}{h7}$	$\frac{F8}{h7}$		$\frac{H8}{h7}$	$\frac{JS8}{h7}$	$\frac{K8}{h7}$	$\frac{M8}{h7}$	$\frac{N8}{h7}$									
h8				$\frac{D8}{h8}$	$\frac{E8}{h8}$	$\frac{F8}{h8}$		$\frac{H8}{h8}$													
h9				$\frac{D9}{h9}$	$\frac{E9}{h9}$	$\frac{F9}{h9}$		$\frac{H9}{h9}$													
h10				$\frac{D10}{h10}$				$\frac{H10}{h10}$													
h11	$\frac{A11}{h11}$	$\frac{B11}{h11}$	$\frac{C11}{h11}$	$\frac{D11}{h11}$				$\frac{H11}{h11}$													
h12		$\frac{B12}{h12}$						$\frac{H12}{h12}$													

注：标注▰的配合为优先配合。

3. 极限与配合在图样上的标注

（1）在零件图上的标注 用于大批量生产的零件图，一般只注公差带代号，如图8-29a 所示。用于中小批量生产的零件图，一般只注出极限偏差，如图 8-29b 所示。图 8-29c 所示 为同时注出公差带代号和对应的极限偏差值。当上、下极限偏差数值相同时，其数值只标注 一次，在数值前注出符号"±"，如图 8-29d 所示。

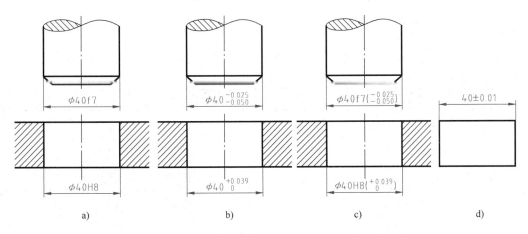

图 8-29 公差带代号、极限偏差在零件图上的标注形式

（2）在装配图上的标注 在装配图上一般标注配合代号，配合代号由两个相互配合的 孔和轴的公差带代号组成，用分数形式表示。分子为孔的公差带代号，分母为轴的公差带代 号。配合代号在装配图上的三种标注形式如图 8-30 所示。

孔、轴主要是指圆柱形内、外表面，也包括其内、外表面中单一尺寸的部分，其配合代 号标注如图 8-31 所示。

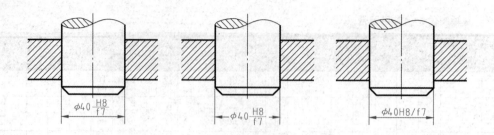

图 8-30　配合代号在装配图上的三种标注形式

8.5.3　几何公差（GB/T 1182—2018）

1. 几何公差的概念

几何公差是针对构成零件几何特征的点、线、面的形状和位置误差所规定的公差。

在生产实践中，经过加工的零件，不但会产生尺寸误差，而且会产生形状和位置误差。例如，图 8-32a 所示为一理想形状的销轴，而加工后的实际形状如图 8-32b 所示，轴线弯曲了，即产生了直线度误差。又如图 8-33a 所示为一要求严格的平板，加工后的实际方向如图 8-33b 所示，上表面倾斜了，即产生了平行度误差。

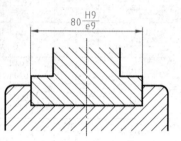

图 8-31　内外单一表面的配合代号标注

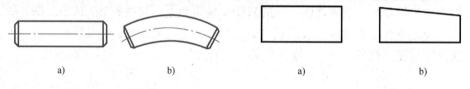

| a) | b) | a) | b) |

图 8-32　形状误差　　　　　　图 8-33　方向误差

国家标准规定了 14 项几何公差特征项目，各特征项目的名称及符号见表 8-8。

表 8-8　几何公差特征项目的名称及符号

公差类型	几何特征	符号	有无基准	公差类型	几何特征	符号	有无基准
形状公差	直线度	—	无	方向公差	线轮廓度	⌒	有
	平面度	▱	无		面轮廓度	⌓	有
	圆度	○	无	位置公差	位置度	⊕	有
	圆柱度	⌀	无		同轴度	◎	有
	线轮廓度	⌒	无		对称度	═	有
	面轮廓度	⌓	无		线轮廓度	⌒	有
方向公差	平行度	∥	有		面轮廓度	⌓	有
	垂直度	⊥	有	跳动公差	圆跳动	↗	有
	倾斜度	∠	有		全跳动	↗↗	有

2. 基本术语及定义

1）要素：指零件上的特定部位，点、线或面。这些要素可以是组成要素（如圆柱体的外表面），也可以是导出要素（如中心线或中心平面）。

2）被测要素：给出形状或位置公差的要素。

3）基准要素：用来确定被测要素方向或位置的要素。

4）形状公差：单一实际要素的形状所允许的变动全量。

5）位置公差：关联实际要素的位置对基准所允许的变动全量。

3. 几何公差的标注方法

（1）几何公差的框格和基准符号　几何公差的框格用细实线画出，框格的高度是图中尺寸数字的2倍，该方框由两格或多格组成，框格中的内容从左到右按几何特征符号、公差值、基准要素及（或）有关附加符号的次序填写，如图8-34所示。

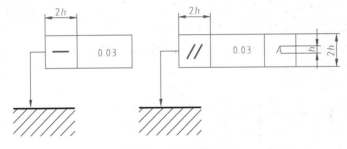

图8-34　几何公差框格

从框格左端或者右端引出一条带箭头的指引线指向被测要素，被测要素的基准在图上用基准符号表示。基准符号由带方框的大写字母与用细实线连接的实心或空心三角形组合而成，其方框中的字母永远水平书写。基准符号的形式如图8-35所示。

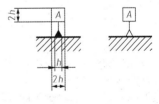

图8-35　基准符号的形式

（2）被测要素的标注　用带箭头的指引线将框格与被测要素相连，按以下方式标注：

1）当被测要素是线或表面时，如图8-36所示，箭头指在该要素的轮廓线或轮廓线的延长线上，并与尺寸线明显地错开。

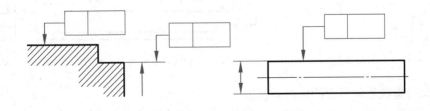

图8-36　被测要素是线或表面

2）当被测要素是轴线、中心平面或球心时，箭头应位于相应尺寸线的延长线上，如图8-37所示。

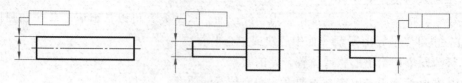

图 8-37　被测要素是轴线、中心平面或球心

（3）基准要素的标注

1）当基准要素是轮廓线或轮廓面时，如图 8-38 所示，基准符号应置于该要素的轮廓线上或轮廓面上，也可置于该要素轮廓的延长线上，且基准符号中的连线应与尺寸线明显地错开。

2）当基准要素是轴线、中心平面或球心时，基准符号中的连线应与尺寸线对齐，如图 8-39a

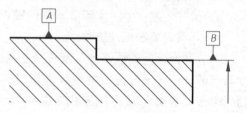

图 8-38　基准要素的标注（一）

所示。如果没有足够的位置标注基准要素尺寸的两个尺寸箭头，则其中一个箭头可用基准三角形代替，如图 8-39b 所示。

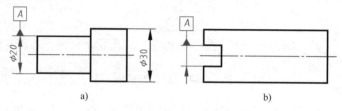

a)　　　　　　　　　　　　　　　　b)

图 8-39　基准要素的标注（二）

（4）多项几何公差合并标注　如果对同一要素有一个以上的几何公差特征项目要求时，为方便起见，可将一个框格放在另一个框格的下面，如图 8-40 所示。

（5）多个被测要素具有同一个几何公差要求的标注　当几个被测要素有相同的几何公差特征项目和数值要求时，其标注如图 8-41 所示。

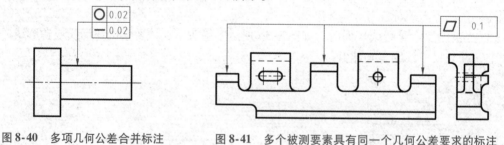

图 8-40　多项几何公差合并标注　　　图 8-41　多个被测要素具有同一个几何公差要求的标注

4. 几何公差在零件图上的标注与识读

识读如图 8-42 所示的阀杆零件图，解释图样中几何公差的意义。

从图中可以看到，当被测要素是表面或者素线时，从框格引出的指引线的箭头应指在该要素的轮廓线上或其延长线上；当被测要素为轴线时，应将箭头与该尺寸线对齐，如 M8 轴线同轴度的标注；当基准要素是轴线时，应将基准符号与该要素的尺寸线对齐，如基准 *A* 的标注。

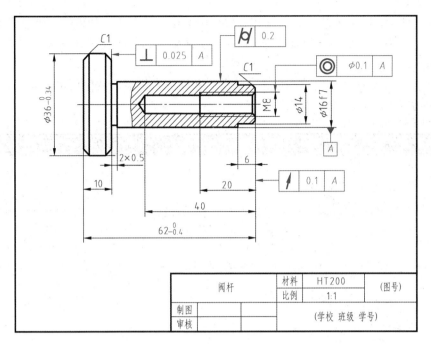

图 8-42　几何公差的标注示例

（1）　几何公差名称为圆跳动，被测要素为右端面，基准为 φ16f7 轴段的轴线，公差值为 0.1mm。

（2）　几何公差名称为圆柱度，被测要素为 φ16f7 轴段的圆柱面，公差值为 0.2mm。

（3）　几何公差名称为同轴度，被测要素为螺纹 M8 的轴线，基准为 φ16f7 轴段的轴线，公差值为 φ0.1mm。

（4）　几何公差名称为垂直度，被测要素为左端 φ36mm 圆杆的右端面，基准为 φ16f7 轴段的轴线，公差值为 0.025mm。

8.6　读典型零件图

正确、熟练地读零件图是技术工人必须掌握的基本功之一。在学习过程中，掌握各类零件的形状结构和表达方法特点，对提高看图能力有很大的帮助。

8.6.1　零件的分类及作用

根据零件在机器或部件中的位置及作用，一般可以将零件分为以下三种类型：

1）标准件：它的结构、尺寸、加工要求及画法等均已标准化、系列化，如螺栓、螺母、垫片、键、销及滚动轴承等。

机械制图

2）常用件：它的部分结构、尺寸和参数已标准化、系列化，如齿轮、带轮和弹簧等。

3）典型零件：通常可分为轴套类、轮盘类、叉架类和箱体类等。这类零件必须画出零件图以供加工。

各类典型零件的形状、用途和加工方法各不相同，在机器中的作用也不同，表8-9列举了这四类典型零件的结构特点及表达方法。

表8-9　典型零件的分类

类　别	图　　例	结构特点	表达方法
轴套类		大多数由位于同一轴线上数段直径不同的回转体组成，轴向尺寸一般比径向尺寸大。常有键槽、销孔、螺纹、退刀槽、越程槽、中心孔、油槽、倒角、圆角及锥度等结构	1）非圆视图水平摆放作为主视图 2）用局部视图、局部剖视图、断面图和局部放大图等作为补充 3）对于形状简单的长轴或套可采用断开后缩短绘制 4）空心套类零件中由于多存在内部结构，一般采用全剖视、半剖视或局部剖视绘制
轮盘类		其主体一般由直径不同的回转体组成，径向尺寸比轴向尺寸大。常有退刀槽、凸台、凹坑、倒角、圆角、轮齿、轮辐、肋板、螺孔、键槽和作为定位或连接用的孔等结构	1）非圆视图水平摆放作为主视图（常剖开绘制） 2）用左视图或右视图来表达轮盘上连接孔或轮辐、肋板等的数目和分布情况 3）用局部视图、局部剖视、断面图或局部放大图等作为补充
叉架类		叉架类零件多数由铸造或模锻制成毛坯，经机械加工而成。结构一般比较复杂，分为工作部分（与其他零件配合或连接的套筒、叉口、支承板等）和联系部分（高度方向尺寸较小的棱柱体，其上常有凸台、凹坑、销孔、螺纹孔、螺栓过孔和成形孔等结构）	1）零件一般水平放置，选择零件形状特征明显的方向作为主视图的投射方向 2）除主视图外，一般还需1~2个基本视图才能将零件的主要结构表达清楚 3）常用局部视图、局部剖视图表达零件上的凹坑、断面形状和肋板等结构。用斜视图表示零件上的倾斜结构

— 180 —

（续）

类　别	图　　例	结构特点	表达方法
箱体类	 	箱体类零件大致由以下几个部分构成：容纳运动零件和储存润滑油的内腔，由厚薄较均匀的壁部组成；其上有支承和安装运动零件的孔及安装端盖的凸台（或凹坑）、螺孔等；将箱体固定在机座上的安装底板及安装孔；加强肋、润滑油孔、油槽、放油螺孔等	1）通常以最能反映其形状特征及结构间相对位置的一面作为主视图的投射方向。以自然安放位置或工作位置作为主视图的摆放位置 2）一般需要两个或两个以上的基本视图才能将其主要结构形状表示清楚 3）常用局部视图、局部剖视图和局部放大图等来表达尚未表达清楚的局部结构

8.6.2　读零件图的目的、方法与步骤

1. 读零件图的目的

1）了解零件的名称、用途和材料等。

2）了解构成零件各部分结构的形状、特点、功用及它们之间的相对位置。

3）了解零件的大小、制造方法和技术要求。

2. 读零件图的方法与步骤

（1）看标题栏：概括了解零件　看标题栏可以了解零件的名称、材料、绘图比例和重量等。根据零件的名称可以判断出该零件属于哪一类，根据材料可大致了解其加工方法，根据比例可以估计零件的实际大小。

（2）分析视图：认识零件结构　首先应确定视图数量及视图名称，并分析各个视图的表达方法，要运用形体分析法读懂零件各部分的结构，想象出零件的结构形状。

（3）分析尺寸标注：了解零件大小　分析零件图上的尺寸，首先要找出二个方向的尺寸基准，然后从基准出发，按形体分析法找出各组成部分的定形尺寸、定位尺寸及总体尺寸。

（4）看技术要求：了解零件的精度和要求　零件图上的技术要求是零件的制造质量指标。读图时应根据零件在机器中的作用，分析配合面或主要加工面的加工精度要求，了解其表面结构要求、尺寸公差、几何公差及其代号含义，了解零件的热处理、表面热处理及其他技术要求，以便确定合理的加工工艺，保证这些技术要求。

通过以上几方面的分析，将获得的全部信息和资料进行综合、归纳，即可得到对该零件的全面了解和认识。

8.6.3　读典型零件图示例

1. 轴套类零件

轴一般用来支承传动零件和传递动力。套一般装在轴上，起轴向定位、传动或连接等作用。

例 8-1 识读图 8-43 所示的输出轴零件图。

（1）看标题栏 从标题栏可以看出零件的名称为输出轴，属于轴类零件。图形采用 1:1 的比例绘制，材料为 HT200（灰铸铁）。

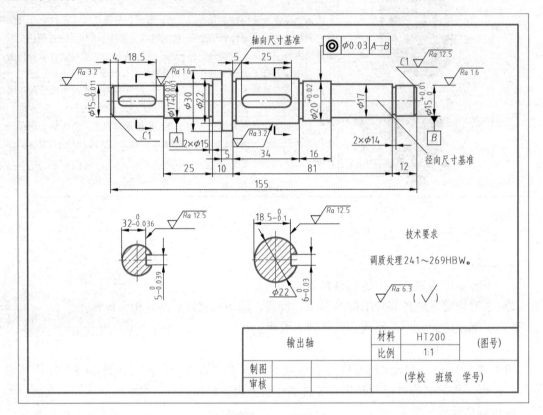

图 8-43 输出轴零件图

（2）分析视图 该零件图共采用了三个图形：一个主视图和两个移出断面图。主视图表达了轴的各段长度、直径大小及各结构的轴向位置。移出断面图用来表示左端键槽和中间键槽的位置、形状和深度。轴的左右两端有倒角，中间有四处退刀槽。

（3）分析尺寸标注

1）从图中可知，该输出轴有径向和轴向（长度方向）两个方向的尺寸，该轴的轴向尺寸基准为重要的定位面，即轴肩 $\phi30$mm 的右端面。重要尺寸应直接从基准标注，如右端键槽的定位尺寸 5mm、尺寸 10mm、尺寸 34mm 和尺寸 81mm 都是从轴向尺寸基准标出的。径向尺寸的主要基准为轴线，输出轴的所有直径都是由此基准标出的。对于其他尺寸，为测量方便，一般是按加工顺序标注的。

2）输出轴上的标准结构如倒角、退刀槽，其尺寸是根据相应的标准按规定注出的，如倒角 $C1$、退刀槽尺寸 2mm × $\phi14$mm、2mm × $\phi15$mm 等。

（4）看技术要求

1）有配合要求或有相对运动的轴段，其表面结构、尺寸公差和几何公差都会有相应的要求，如 $\phi15$mm、$\phi17$mm 轴径。

2）输出轴上还有一处几何公差要求：$\phi20$mm 轴段的轴线对 $\phi17$mm 和 $\phi15$mm 公共轴线

的同轴度公差要求是 $\phi 0.03$ mm。

3）从图中的表面结构要求可知，该零件表面都是经过机械加工的，其中 $\phi 15$ mm、$\phi 17$ mm 轴段的圆柱面精度要求较高。

4）为了提高强度和韧性，往往需要对轴类零件进行调质处理；对轴上与其他零件有相对运动的部分，为增加其耐磨性，有时还需要进行表面淬火、渗碳或渗氮等热处理。

通过上述步骤的分析可对输出轴的视图、尺寸、技术要求、零件的结构形状和功用有全面的了解。

例 8-2　识读图 8-1 所示的柱塞套零件图。

套类零件的主视图与轴类零件相类似，都是轴线水平放置，因其具有中空结构，主视图采用全剖视图表达。根据其结构，用相互平行的两个剖切平面剖切机件，获得全剖的左视图 A—A，再加上一个局部放大图就将柱塞套表达完整了。至于套的尺寸、技术要求等内容在此不再赘述。

2. 盘盖（轮盘）类零件

盘盖类零件一般包括法兰盘、端盖、手轮、盘座和齿轮等。轮盘一般用来传递动力和转矩，盖类零件在机器中主要起支承、轴向定位及密封作用。

例 8-3　识读图 8-44 所示的端盖零件图。

（1）看标题栏　图 8-44 所示的零件为铣刀头上的一个端盖，属于轮盘类零件。图形采用 1:2 的比例绘制，材料是碳素结构钢。它在铣刀头上起连接、轴向定位和密封作用。

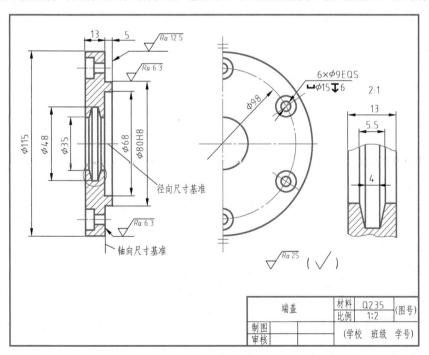

图 8-44　端盖零件图

（2）分析视图　端盖零件图共采用了三个图形：主视图、左视图和一个局部放大图。主视图是全剖视图，表达了端盖的主要结构；因结构对称，左视图采用了简化画法（只画了一半），反映出零件的端面形状和沉孔的位置；局部放大图表示出密封槽的结构，同时也便于尺寸标注。

（3）分析尺寸标注

1）轮盘类零件主要标注径向尺寸和轴向尺寸。径向尺寸的基准为轴线，轴向尺寸的基准是经过加工并与其他零件相接触的较大端面——$\phi115\text{mm}$ 圆柱的右端面。

2）零件上各圆柱体的直径及较大的孔径，其尺寸多注在非圆视图上。盘上小孔的定位圆直径尺寸（如左视图中的 $\phi98\text{mm}$）注在投影为圆的视图上较为清晰。多个等径、均布的小孔一般常用"$6\times\phi9\text{EQS}$"的形式标注。

（4）看技术要求

1）有配合关系的内、外表面及起轴向定位作用的端面，其表面结构要求高，其值较小，如主视图中 $\phi115\text{mm}$ 圆柱和 $\phi80\text{H8}$ 圆柱的右端面，两个端面（接触面）的表面粗糙度 Ra 值分别为 $6.3\mu\text{m}$ 和 $12.5\mu\text{m}$，$\phi80\text{H8}$ 圆柱面（配合面）的表面粗糙度 Ra 值为 $6.3\mu\text{m}$，其余 Ra 值为 $25\mu\text{m}$。

2）有配合关系的孔、轴尺寸注有尺寸公差，如图中的 $\phi80\text{H8}$，其余按未注公差（又称一般公差）处理；与其他零件接触的表面，尤其是与运动零件接触的表面，当要求较高时，会注出平行度或垂直度要求。

（5）归纳总结 该端盖零件比较简单，采用三个图形表达：主视图、左视图和一个局部放大图。主视图是全剖视图，采用过对称面的单一剖切平面剖切获得，表达凸台和通孔等；左视图因零件对称，采用局部视图表达，仅画出半个图形；局部放大图用于表达装填密封填料的槽。

该端盖尺寸标注的基准有两个：一个轴向基准——凸台端面，一个径向基准——轴线。

端盖上只有 1 个尺寸有公差要求；没有几何公差要求；有三种表面结构要求，要求最高的表面粗糙度 Ra 值为 $6.3\mu\text{m}$，最低的表面粗糙度 Ra 值为 $25\mu\text{m}$。

3. 叉架类零件

叉架类零件包括拨叉、连杆、摇臂和各种支架等。拨叉主要用在发动机、机床等各种机器的操纵机构上，起操纵、调速作用。连杆和支架主要起支承和连接作用。

例8-4 识读图8-45所示的脚踏板零件图。

（1）看标题栏 脚踏板属于叉架类零件，采用 1:2 的比例绘制；材料是灰铸铁（HT200）。

（2）分析视图

1）分析脚踏板三视图可知，脚踏板可分为安装部分、连接部分及工作部分。零件的主视图按零件的工作位置安放，并反映其形状特征。

2）因叉架类零件结构复杂，视图数量一般较多，脚踏板零件图采用了四个图形表达。主视图表达了安装板、工作圆筒和连接肋板的形体特征及上下、左右的相对位置关系。俯视图侧重反映了零件各部分的前后对称关系。主、俯视图以表达外形为主，并采用三处局部剖视用于表达通孔结构。为避免重复表达上端安装部分，局部视图 A 表达了安装板的外形和长圆孔的形状，移出断面图表达了连接肋板的断面形状。

（3）分析尺寸标注

1）脚踏板三个方向的尺寸基准如图中所示：长度方向的尺寸基准为安装板左端面即零

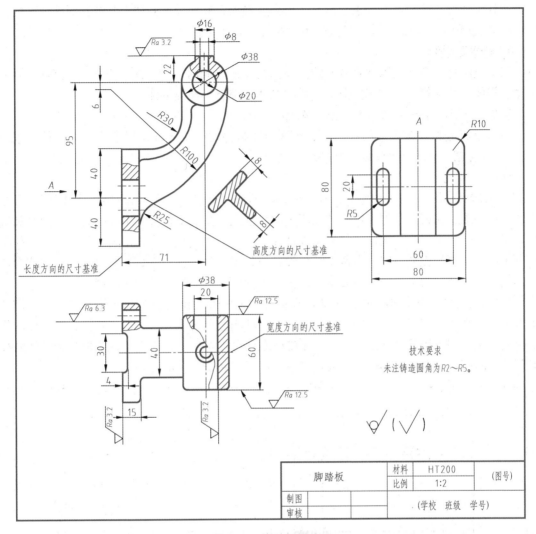

图 8-45　脚踏板零件图

件上最大的加工平面，宽度方向的尺寸基准为前、后对称面，高度方向的尺寸基准是安装板的上、下对称面。

2）叉架类零件因形状复杂，尺寸较多。主视图有三个比较重要的定位尺寸 71mm、95mm、22mm，A 向局部视图有两个比较重要的定位尺寸 60mm、20mm。

（4）看技术要求

1）图中共有四种表面结构要求，要求最高的接触面的表面粗糙度 Ra 值最小，为 3.2μm；其余为 6.3μm、12.5μm 和铸造表面✓。

2）图中所有尺寸均按未注公差（一般公差）处理，没有几何公差要求；未注铸造圆角为 $R2 \sim R5$mm。

（5）归纳总结　该脚踏板毛坯铸造制成，再经过切削加工完成。该脚踏板采用四个图形表达：主视图（局部剖视）、俯视图（局部剖视）、A 向局部视图和一个移出断面图。

该脚踏板尺寸标注的基准如图中文字指示。

所有尺寸均按一般公差要求，没有几何公差要求，有四种表面结构要求，要求最高的表面粗糙度 Ra 值为 3.2μm，要求最低的表面为铸造表面✓。

4. 箱体类零件

箱体类零件主要起支承、容纳、定位和密封作用，同时可以保护运动零件或其他零件，泵体、阀体、变速箱以及汽车的前、后桥的机体等都属于这类零件。

例 8-5 识读图 8-46 所示的座体零件图。

（1）看标题栏 该座体是铣刀头上支承轴系组件的一个零件，属于箱体类零件。采用 1:2 的比例绘制，材料是灰铸铁（HT200）。

（2）分析视图

1）结构分析：铣刀头的座体，其主体结构的作用是包容、支承和安装。圆筒部分用于安装滚动轴承，底板用于将座体安装在固定的机器上，左右支承板和中间的肋板将圆筒和底板连接起来。为了减少加工面，将内腔设计成阶梯孔，两端直径小，中间直径大。为了便于装夹工件，需要较大的空间，右侧支承板设计成弧形。为了轴承密封，安装轴承盖在圆筒左右两端有螺纹孔。为了保证接触质量和减少加工面，底板的底部设计成凹槽。

2）视图分析：箱体类零件由于结构复杂，加工位置变化也较多，因此主视图按工作位置放置。主视图采用了全剖视图，主要表达套筒的内腔结构以及与圆筒、底板、支承板的相对位置。左视图采用了局部剖视，表达了螺纹孔的分布情况、左右支承板的形状和中间肋板的厚度。俯视图采用了局部视图，表达了底板的形状和安装孔的位置。

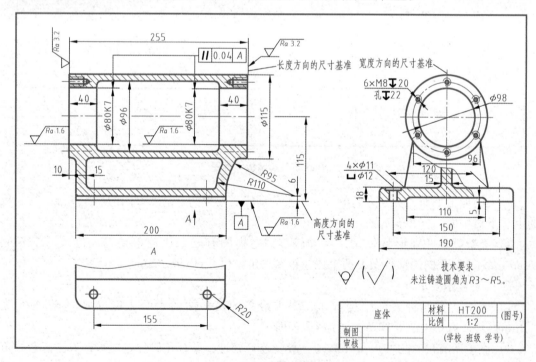

图 8-46 座体零件图

（3）分析尺寸标注

1）铣刀头座体的底面是安装基面，以此作为高度方向的尺寸基准；长度方向尺寸以座

体上部圆筒 ϕ115mm 的右端面为主要基准；宽度方向尺寸以座体的前后对称面为基准，如图 8-46 所示。

2）铣刀头座体的定位尺寸有 115mm、ϕ98mm、150mm 和 6mm，其余均为定形尺寸，ϕ80K7 是配合尺寸。

（4）看技术要求

1）零件上共有三种表面结构要求，有配合要求的箱体孔和接触面的表面粗糙度要求高，如 ϕ80K7 轴承孔的 Ra 值仅为 1.6μm，底面的 Ra 值为 1.6μm，轴承孔左右端面的 Ra 值为 3.2μm，其余表面要求都比较低，如图 8-46 所示。

2）为保证产品性能，重要的箱体孔、中心距和表面应有尺寸和几何公差的要求。如主视图中两个 ϕ80K7 的轴承孔，不仅有尺寸公差要求，还有对底面的平行度要求。

3）除主视图中两轴承孔直径尺寸 ϕ80K7 有公差要求外，其余尺寸均按一般公差要求处理，铸造圆角为 $R2 \sim R5$。

（5）归纳总结 该座体毛坯铸造制成，再经过切削加工完成。

该座体采用三个图形表达：主视图（全剖视）、左视图（局部剖视）和 A 向局部视图。

该座体尺寸标注的基准如图中文字所示。

该座体只有两个轴承孔尺寸 ϕ80K7 有公差要求，其余尺寸均按一般公差要求；只有两个 ϕ80K7 轴承孔有平行度（位置公差）要求；有三种表面结构要求，要求最高的表面 Ra 值为 0.8μm，最低的表面为铸造表面。

8.7 零件测绘

零件的测绘就是根据实际零件选定表达方案，画出它的图形，测量出它的尺寸并标注，制订必要的技术要求。测绘时，首先应徒手画出零件草图，然后根据该草图画出零件工作图。在仿造和修配机器部件以及技术改造时，常常要进行零件测绘，因此它是工程技术人员必备的技能之一。

8.7.1 徒手画图的要求

徒手画图一般不使用绘图工具，目测其形状和大小，徒手绘制零件草图。徒手画图的要求是：图线应清晰，字体工整，目测尺寸误差尽量小，尽量使零件各部分形状正确、比例均匀；绘图速度要快，标注尺寸正确、完整、清晰、合理。不能认为徒手画图就可以不清楚、潦草。徒手画图必须认真仔细。

8.7.2 绘制零件草图的步骤

下面以齿轮泵泵盖（图 8-47）为例，说明如何绘制零件草图。

1. 分析零件，确定视图的表达方案

了解零件的名称、作用、材料、制造方法，与其他零件的关系，对零件进行形体分析、结构分析，确定主视图、视图数量和表达方法。

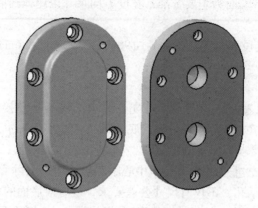

图 8-47　泵盖零件图

泵盖是齿轮泵的主要零件，按加工位置确定主视图的方向，泵盖上有六个螺纹孔和两个圆柱销孔，用三个基本视图表达，即主视图（全剖视）、左视图和右视图。

2. 画零件草图

零件草图是绘制零件图的依据，必要时还可以直接指导生产。

1）选定绘图比例，确定图幅，画出图框和标题栏。画出各个视图的基准线，确定视图的位置，如图 8-48 所示。

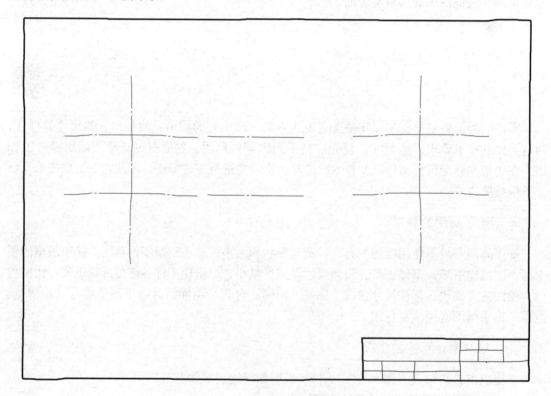

图 8-48　画图框、基准线、中心线

2）目测比例，徒手详细地画出主视图（全剖视）、左视图和右视图，如图 8-49 所示。

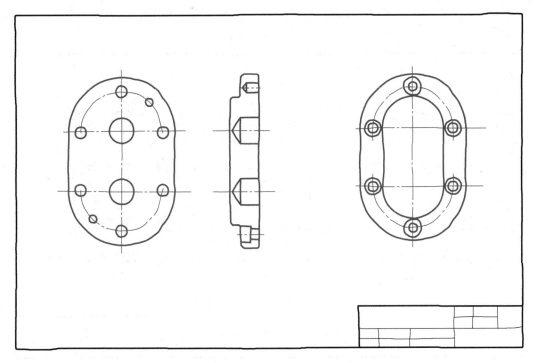

图 8-49 画各个视图轮廓

3) 选定尺寸基准，画出全部尺寸界线、尺寸线和箭头，如图 8-50 所示。

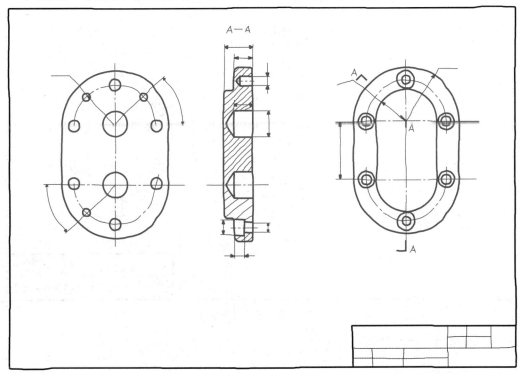

图 8-50 画尺寸界线、尺寸线和箭头

4）集中测量尺寸，填写尺寸数值；标注各表面的表面结构代号、确定尺寸公差，如图 8-51 所示。

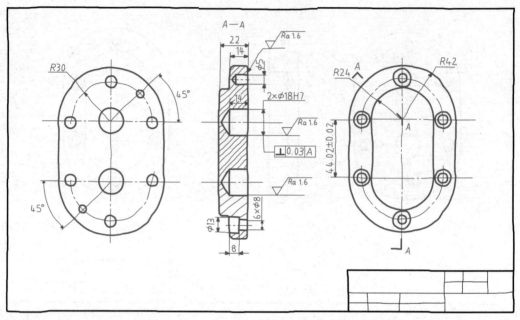

图 8-51　填写尺寸数值、表面结构代号、尺寸公差

5）填写技术要求和标题栏，检查无误，完成全图，如图 8-52 所示。

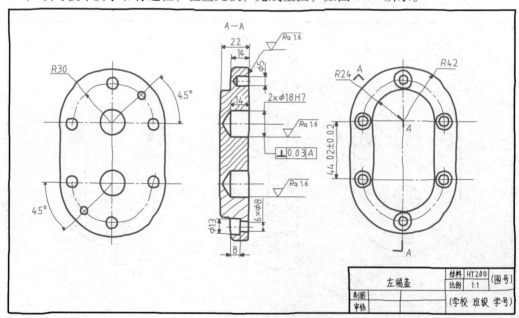

图 8-52　填写标题栏完成全图

8.7.3　常见测绘工具的使用及测量方法

1. 常见的测绘工具

常见的测绘工具有钢直尺、游标卡尺、内外卡钳、千分尺、游标万能角度尺和螺纹规，

如图 8-53 ~ 图 8-58 所示。

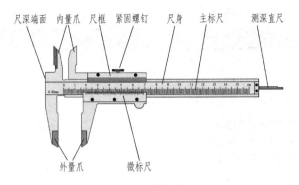

图 8-53 钢直尺

尺深端面　内量爪　尺框　紧固螺钉　尺身　主标尺　测深直尺

外量爪　微标尺

图 8-54 游标卡尺

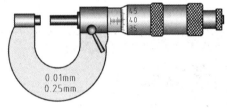

0.01mm
0.25mm

图 8-55 内外卡钳及使用

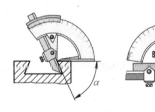

图 8-56 千分尺

a) 游标万能角度尺　　　　b) 用游标万能角度尺测角度

图 8-57 游标万能角度尺及使用

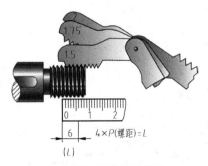

$4 \times P(\text{螺距}) = L$

(L)

图 8-58 螺纹规及使用

2. 零件尺寸的测量方法

测量尺寸是零件测绘过程中一个很重要的环节，尺寸测量得准确与否，将直接影响零件的制造质量。

测量时，应根据对尺寸精度要求的不同而选择不同的测量工具。零件上常见的几何尺寸的测量方法见表8-10。

表8-10 零件上常见的几何尺寸的测量方法

项目	图例与说明	项目	图例与说明

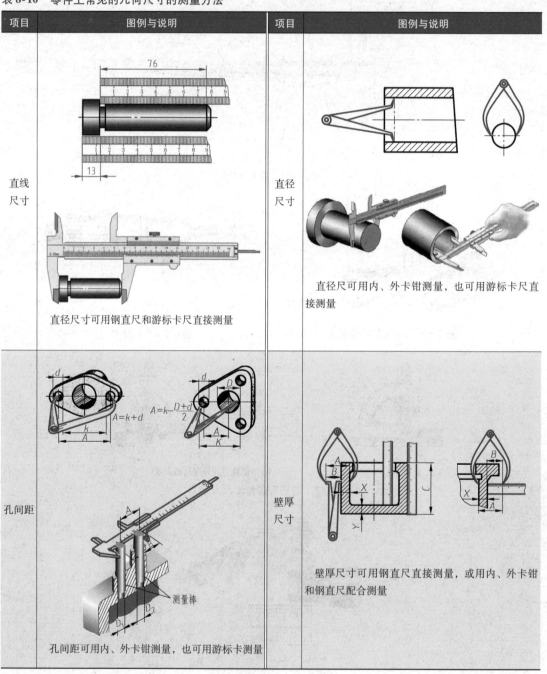

直线尺寸 ……
直径尺寸可用钢直尺和游标卡尺直接测量

直径尺寸 ……
直径尺寸可用内、外卡钳测量，也可用游标卡尺直接测量

孔间距 ……
孔间距可用内、外卡钳测量，也可用游标卡测量

壁厚尺寸 ……
壁厚尺寸可用钢直尺直接测量，或用内、外卡钳和钢直尺配合测量

复习思考题

8-1　一张完整的零件图应包括哪些内容?

8-2　零件主视图的选择应符合哪两个基本原则?

8-3　什么是尺寸基准? 基准按用途可分为哪几类?

8-4　什么是公差等级? 它共有多少个等级? 哪一等级精度最高?

8-5　典型零件分为哪几类? 各类零件结构上有何特点?

8-6　读典型零件图的步骤是什么?

8-7　徒手画草图的要求是什么?

8-8　测绘时，测量孔的内径可用哪些测量工具?

第9章
CHAPTER 9

装 配 图

通过本章内容的学习，读者应了解装配图的作用和内容，掌握机器或部件的各种表达方法，了解并掌握装配图尺寸标注的原则和零件序号的编号规则，熟悉常见装配工艺的特点和画法，掌握装配图的画图步骤及读装配图的方法。

【学习重点】

1. 了解装配图的内容。
2. 掌握装配图的特殊表达方法。
3. 掌握读装配图的方法与步骤。

9.1 装配图的作用与内容

9.1.1 装配图的作用

表达机器（或部件）的工作原理、结构性能和各零件间装配连接关系的图样称为装配图。在机器的设计、装配、调整、检验、使用和维修过程中都要用到装配图。装配图反映了设计者的意图，表达出机器（或部件）的工作原理、性能要求、零件间的装配关系、零件的主要结构形状，以及在装配、检验、安装时所需要的尺寸数据和技术要求。因此装配图与零件图一样，也是生产中的重要技术文件。

9.1.2 装配图的内容

图 9-1 所示为滑动轴承的分解轴测图，图 9-2

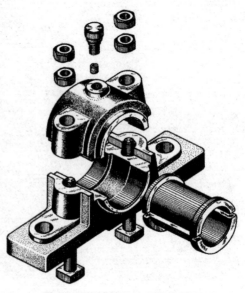

图 9-1 滑动轴承的分解轴测图

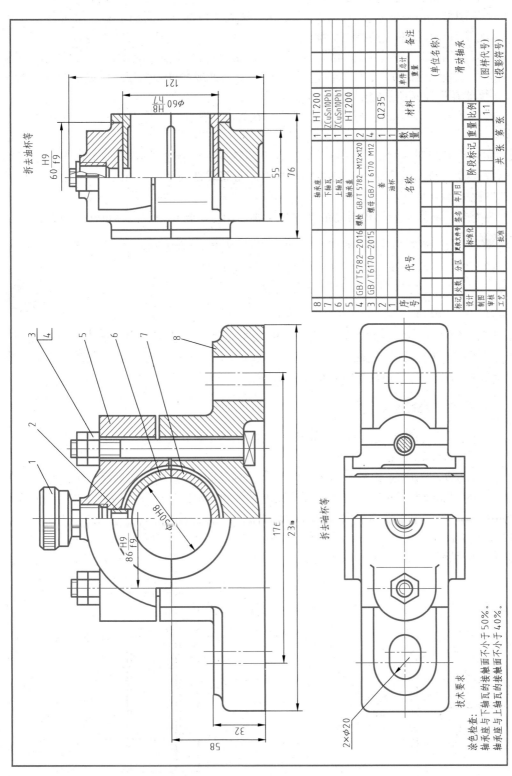

图 9-2 滑动轴承的装配图

技术要求

涂色检查：
下轴瓦的接触面不小于50%。
上轴瓦的接触面不小于40%。

拆去油杯等

装　配　图

第9章

— 195 —

所示为滑动轴承的装配图。从图中可以看出一张完整的装配图应包括以下内容：

1）一组图形。用一般表达方法和特殊表达方法表达机器（或部件）的工作原理、零件之间的装配关系和零件的主要结构形状。

2）必要的尺寸。根据装配、检验、安装和使用机器的需要，装配图中应标注出机器（或部件）的性能（规格）尺寸、外形与安装尺寸、部件或零件间的相对位置、配合要求尺寸，以及机器在设计时所确定的重要尺寸。

3）技术要求。用文字说明机器（或部件）在装配、调试、安装和使用过程中等方面的技术要求。

4）零件序号和明细栏。为了便于生产管理与读图，装配图中必须对每种零件进行编号，并在标题栏上编制明细栏。明细栏中要按编号填写零件的名称、材料、数量和标准件的规格尺寸等。

5）标题栏。标题栏包括机器（或部件）名称、图号、比例以及图样责任人的签名等。

9.2 装配图的表达方法

前几章介绍的零件的各种表达方法在装配图中均适用。装配图表达的机器（或部件）是由若干零件组成的，其目的在于表达机器（或部件）的工作原理和装配关系。因此，本节介绍装配图的规定画法和装配图的特殊画法。

9.2.1 装配图的规定画法

1）两相邻零件的接触表面和配合面只画一条线，如图9-3所示。对于非配合表面、非接触面，即使间隙再小，也应画两条线。

2）同一零件在不同的视图中，剖面线的方向与间隔是一致的。在剖视图中，相互接触的两个零件的剖面线方向相反。三个或三个以上零件相接触时，除其中两个零件的剖面线倾斜方向不同外，第三个零件则采用与前两个零件不同的剖面线间隔画出，如图9-3所示。

3）在剖视图中，若剖切平面通过实心杆件（如轴、杆等）和标准件（如螺母、螺栓、键和销等）的轴线，则这些零件只画外形，如图9-4所示。当剖切平面垂直这些零件的轴线

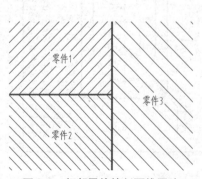

图9-3 相邻零件的剖面线画法

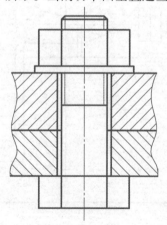

图9-4 通过标准件轴线剖切时剖视图画法

时，这些零件按剖视画。

9.2.2　装配图的特殊画法

1. 拆卸画法

为了清楚地表达零件内部结构或遮挡部分的结构形状，可假想沿两个零件的结合面剖开，拆去一个或几个零件，只画出所要表达部分的视图，零件的结合面不画剖面线，其他被剖到的零件则要画剖面线，这种画法需要加注"拆去××"。如图9-2所示，俯视图和左视图就是拆去油杯等零件后画出的，因此应在视图的上方标注"拆去油杯等"。

2. 单独表达某零件

在装配图中，为了表达某一个零件的形状，可单独画出某一零件的一个视图。如图9-5所示的零件泵盖 B 向视图，并在该视图上方标注"泵盖 B"。

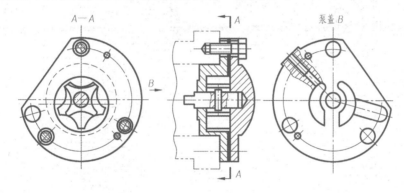

图 9-5　单独表达某零件

3. 假想画法

为了表示与本部件有装配关系但又不属于本部件的其他相邻零、部件时，国标规定采用细双点画线画出其他相邻的零、部件轮廓，如图9-5所示。对于运动件的运动范围或极限位置，国标规定在一个极限位置画出该零件，在另一个极限位置用细双点画线画出其轮廓，如图9-6所示。

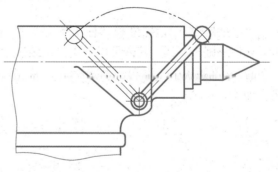

图 9-6　假想画法

4. 展开画法

为了表达某些重叠的装配关系，国标规定可将其空间结构按顺序展开在一个平面上，再画出剖视图，如图9-7所示。

5. 夸大画法

对于薄片零件、细丝弹簧和微小间隙等结构，在装配图中并未按其实际尺寸画出，而是采用夸大画法画出，如图9-8所示的垫片画法。

6. 简化画法

1）在装配图中，允许不画零件的工艺结构，如倒角、圆角和退刀槽等，如图9-8所示。

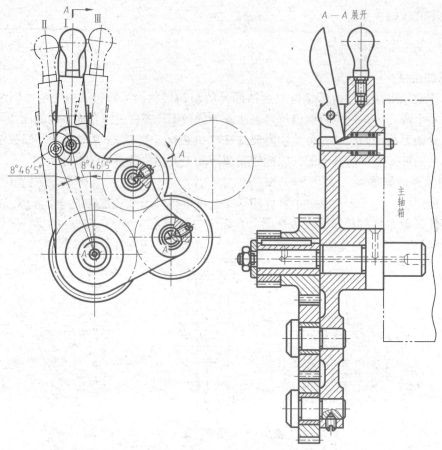

图 9-7 交换齿轮架的展开画法

2）在装配图中，螺母和螺栓头部允许采用简化画法。对于螺纹紧固件等相同的零件组，允许只画出一处，其余可以只用点画线表示其中心位置，如图9-8、图9-9所示。

3）在剖视图中，滚动轴承国标允许采用规定画法画出一半，另一半采用通用画法画出，如图9-8所示。

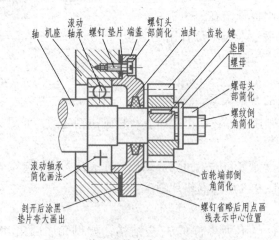

图 9-8 装配图的夸大画法与简化画法

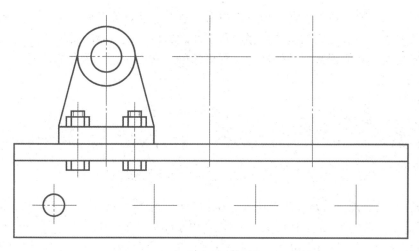

图9-9 装配图中相同组件的简化画法

9.3 装配图的尺寸标注和技术要求

9.3.1 装配图的尺寸标注

装配图和零件图在生产中的作用不同，因此在图上的尺寸标注的要求也不同。装配图中需要注出一些必要的尺寸，这些尺寸按作用不同，可分为以下几类：

1）性能（规格）尺寸。性能尺寸表示机器或部件的性能和规格，它是设计、了解和选用机器的依据，如图9-2所示主视图中的尺寸 ϕ50H8。

2）装配尺寸。装配尺寸是保证部件正确装配，说明配合性质及装配要求的尺寸，如图9-2所示的 86H9/f9、60H9/f9 和 ϕ60H8/k7。

3）安装尺寸。安装尺寸是机器或部件安装在地基上或与其他机器或部件相连接时所需要的尺寸，如图9-2所示的地脚螺纹孔的尺寸176mm等属于安装尺寸。

4）外形尺寸。外形尺寸表示机器或部件外形轮廓的尺寸，是包装、运输和安装时所需要的尺寸，如机器或部件的总长、总宽和总高尺寸。如图9-2所示的尺寸236mm、121mm和76mm都是外形尺寸。

5）其他重要尺寸。这类尺寸是在设计中经过计算确定或选定的尺寸以及装配时的加工尺寸，但又未包括在上述四种尺寸中。

在一张装配图中，以上五类尺寸并不一定全部出现，但某一尺寸却有可能不仅仅属于一类尺寸。

9.3.2 技术要求

装配图中的技术要求通常用文字注写在明细栏的上方或图纸下方的空白处，其内容如下：

1）装配要求：机器或部件在装配过程中需注意的事项及装配后应达到的要求。

2）检验要求：对装配后的机器或部件基本性能的检验、试验的要求。

3）其他要求：对机器或部件的性能、规格参数、包装、运输及维护、保养、使用时的注意事项和要求等。

9.4 装配图上的零、部件序号和明细栏

生产中，为便于图样管理、生产准备、机器装配和读懂装配图，对装配图上所有零、部件必须编写序号，并与明细栏中的序号一致，相同的零、部件用一个序号，一般只标注一次，如图9-2所示。在读装配图时，可以根据零件序号查阅明细栏，了解零件的名称、材料和数量等。

9.4.1 零、部件序号

编写零、部件序号时应注意以下几点：

1）装配图中的序号由指引线（细实线）、圆点或箭头、横线或者圆圈和数字组成。

2）零、部件序号指引线自所指部分的可见轮廓内引出，并在末端画一圆点，如图9-10所示。

3）当所指部分（很薄的零件或涂黑的剖面）内无法画圆点时，在指引线末端画箭头，并指向该部分的轮廓，如图9-11所示。

图 9-10 零、部件序号编写形式

图 9-11 指引线末端采用箭头

4）一组紧固件以及装配关系清楚的零件组可以采用公共指引线，如图9-12所示。

5）指引线相互不能交叉；当通过有剖面线的区域时，指引线不应与剖面线平行；必要时指引线可画成折线，但只能折一次。

6）序号应按顺时针（逆时针）方向整齐地顺次排列，在整图上无法连续时，可只在每个水平或者垂直方向顺次排列。

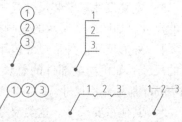

图 9-12 采用公共指引线的序号形式

7）序号字号比该装配图中所注尺寸数字的字号大一号或两号。

9.4.2 明细栏

装配图上应画出明细栏。一般情况下，明细栏位于标题栏的上方，序号自下向上排列，并与图中序号对应。明细栏包含零件的序号、代号、名称、数量、材料、重量和备注等。明

细栏的格式、填写方法等应按 GB/T 10609.2—2009 的规定绘制，如图 9-13 所示。

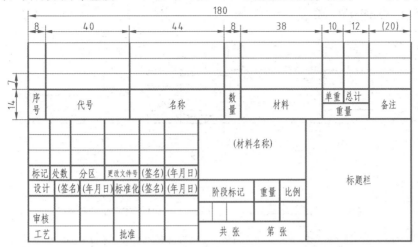

图 9-13 明细栏的画法

▼

9.5 常见的装配工艺结构

了解装配体上一些有关的工艺结构和常见的装置，可将图样画得更合理，以满足装配要求。

9.5.1 装配工艺结构

1）为了避免装配时表面互相发生干涉，两零件在同一方向上只应有一个接触面，如图 9-14 所示。

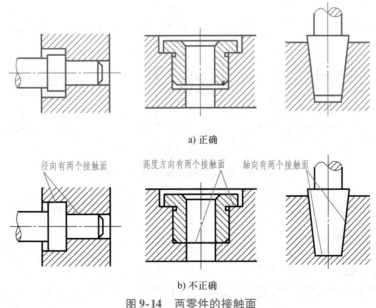

图 9-14 两零件的接触面

2）两个零件有一对相交的表面接触时，在转角处应制出倒角、圆角或凹槽等，以保证表面接触良好，如图9-15所示。

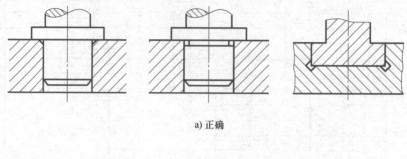

a) 正确

b) 不正确

图9-15　直角接触处的结构

3）零件的结构设计要考虑维修时拆卸方便，如图9-16所示。

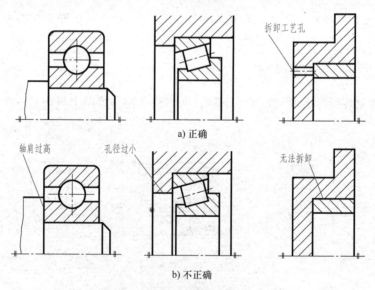

图9-16　装配结构要便于拆卸（一）

4）用螺纹连接的地方要留出装拆时的活动空间，如图9-17所示。

9.5.2　机器上的常见装置

1. 螺纹防松装置

为防止机器在工作中由于振动而使螺纹连接件松开，常采用双螺母、弹簧垫圈或开口销

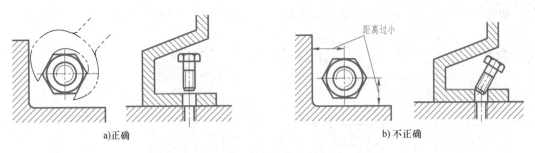

a)正确   b) 不正确

图 9-17　装配结构要便于拆卸（二）

等防松装置，如图 9-18 所示。

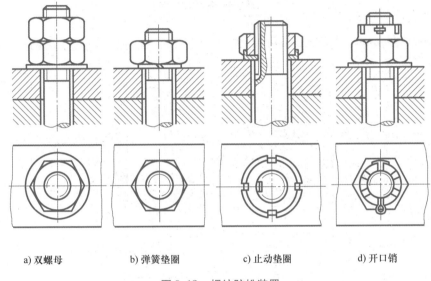

a) 双螺母   b) 弹簧垫圈   c) 止动垫圈   d) 开口销

图 9-18　螺纹防松装置

2. 滚动轴承轴向固定的合体结构

滚动轴承轴向固定的合体结构如图 9-19 所示。

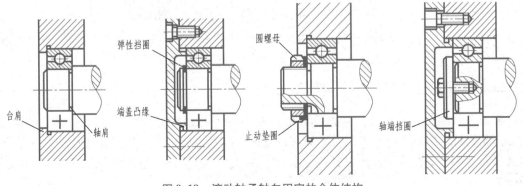

图 9-19　滚动轴承轴向固定的合体结构

3. 密封装置和防漏结构

为了防止灰尘、杂屑等进入部件或机器内部，并防止润滑油的外溢和阀门、管路中的气、液体的泄漏，通常采用密封装置。常见的密封和防漏结构如图9-20、图9-21所示。

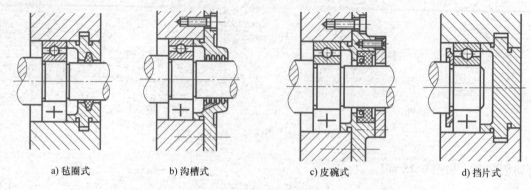

a) 毡圈式　　　　　b) 沟槽式　　　　　c) 皮碗式　　　　　d) 挡片式

图 9-20　滚动轴承的密封

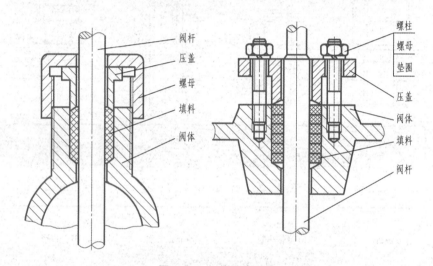

图 9-21　阀体防漏结构

9.6　部件测绘和装配图的画法

9.6.1　部件测绘

根据现有部件（或机器）画出其装配图及零件图的过程称为部件（或机器）的测绘。在新产品设计、引进先进技术以及对原有设备进行技术改造和维修时，有时需要对现有的机器或者零、部件进行测绘，画出其装配图和零件图。下面结合机用虎钳介绍部件的测绘方法及步骤。

1. 了解和分析部件结构

测绘部件时，首先要对部件研究分析，了解它的用途、性能、工作原理、结构特点及零件间的装配关系和相对位置。

机用虎钳是铣床、钻床和刨床的通用夹具。机用虎钳是安装在工作台上，用于夹紧工件，以便进行切削加工的一种通用部件，如图 9-22a 所示。机用虎钳一般由十多种零件组成，主要零件有固定钳身、活动钳身、螺母和螺杆等，其中有螺钉、圆柱销等标准件，图 9-22b 所示为机用虎钳的分解图。

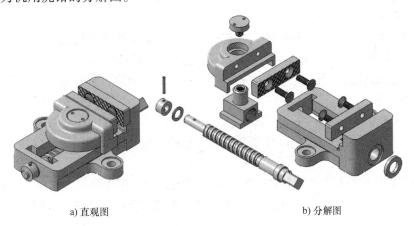

a) 直观图   b) 分解图

图 9-22　机用虎钳

机用虎钳的工作原理：转动螺杆使方块螺母沿螺杆轴向移动时，方块螺母带动活动钳身在固定钳身上滑动，便可夹紧或松开工件。螺杆装在固定钳身的左右轴孔中，螺杆右端有垫圈，左端有调整垫圈、环、开口销，限定螺杆在固定钳身中的轴向位置。螺杆与方块螺母用矩形螺纹旋合，活动钳身装在方块螺母上方的定心圆柱中，并由螺钉固定。固定钳身与活动钳身装有钳口板，用十字槽沉头螺钉紧固。调整螺钉，可使螺母与螺杆之间的松紧程度达到最佳的工作状态。

2. 画装配示意图

在全面了解部件后可以绘制装配示意图。装配示意图用来表示部件中各零件的相互位置和装配关系，是部件拆卸后重新装配和画装配图的依据。机用虎钳的装配示意图如图 9-23 所示。

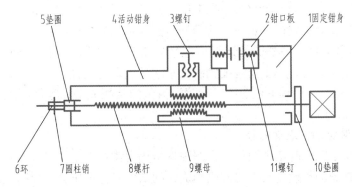

图 9-23　机用虎钳的装配示意图

装配示意图是以简单的线条和国标规定的简图符号，以示意的方式表示每个零件的位置、装配关系和部件工作情况的记录性图样。

画装配示意图时应注意以下几点：

1）对零件间的表达通常不受前后层次的限制，尽可能将所有零件集中在一个图形上表达。如仅用一个图形难以表达清楚时，也可补画其他图形。

2）图形画好后应将零件编号或零件名称写出，凡是标准件应写出标记。

3. 拆卸零件

在拆卸零件时，要弄清拆卸顺序，并选用适当的工具。拆卸时注意不要破坏零件间原有的配合精度，还要注意不要将小零件如销、键、垫片、小弹簧等丢失。拆卸前要测量一些重要尺寸，如运动部件的极限位置和装配间隙等。拆卸后要对零件进行编号、清洗，并妥善保管，以免损坏丢失。

4. 画机用虎钳零件草图

对所有非标准零件均要绘制零件草图，零件草图应包括零件图的所有内容。

机用虎钳零件草图的绘制过程如下：

1）根据零件的总体尺寸和大致比例，确定图幅；画边框线和标题栏；布置图形，定出各视图位置，画主要轴线、中心线或作图基准线。布置图形还应考虑各视图间应留有足够的位置标注尺寸。

2）目测徒手画图形。先画零件主要轮廓，再画次要轮廓和细节，每一部分都应几个视图对应起来画，以对正投影关系，逐步画出零件的全部结构形状。

3）仔细检查，擦去多余线；再按规定线型加深；画剖面线；确定尺寸基准，依次画出所有的尺寸界线、尺寸线和箭头。

4）测量尺寸，协调联系尺寸，查有关标准，校对标准结构尺寸，填写尺寸数值和必要的技术要求；填写标题栏，完成零件草图的全部工作。

9.6.2 画装配图

1. 装配图的视图选择

装配图视图的选择原则是以最少的视图，完整、清晰地表达机器或者部件的装配关系和工作原理，其步骤如下：

1）进行部件分析。对要绘制的机器或部件的工作原理、装配关系及主要零件的形状、零件与零件之间的相对位置以及定位方式等进行深入细致的分析。

2）确定主视图方向。主视图的选择应能较好地表达部件的工作原理和主要装配关系，并尽可能按工作位置放置，使主要装配轴线处于水平或垂直位置。

3）确定其他视图。针对主视图还没有表达清楚的装配关系和零件间的相对位置，选用其他视图进行补充表达。

2. 机用虎钳装配图的表达方案

机用虎钳采用了三个基本视图，主视图根据机用虎钳的工作位置放置，选择垂直于螺杆轴线的方向为主视图的投射方向，通过机用虎钳的前后对称面作全剖视图，表达各零件之间的上下位置和左右位置，以及装配关系、工作原理和传动路线。俯视图主要表达机用虎钳的外形，用一个局部剖视表达螺孔的结构。左视图采用半剖视，剖视部分用于表达固定钳座与活动钳身及方块螺母三个零件间的连接关系，视图部分补充表达机用虎钳的外形。还应采用一个局部视图表达钳口板的外形及螺钉的分布情况。

3. 机用虎钳装配图的画图步骤

根据拟定的表达方案，可按以下步骤绘制装配图。

1）选比例、定图幅、布图。按照机用虎钳的表达方案，选取装配图的绘图比例和图纸幅面。布图时要注意留出标注尺寸、编序号、明细栏、标题栏以及写技术要求的位置。在以上工作准备好后即可画图框、标题栏、明细栏，画各个视图的中心线、对称线或基准线，如图9-24所示。

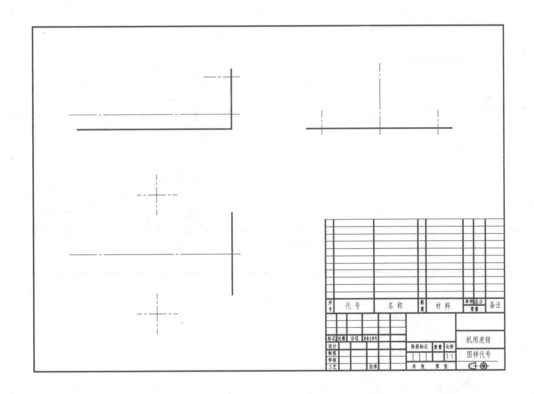

图9-24　画各个视图的中心线、对称线或基准线

2）按装配关系依次绘制主要零件的投影。画图时，首先画主要零件或较大零件的轮廓线，机用虎钳的较大零件是固定钳身。可从主视图入手，画固定钳身各视图的轮廓线，如图9-25所示。

3）按照各零件的位置和装配关系画出其他零件视图的轮廓线及细部结构，如螺杆、活动钳身、螺母、钳口板和其他小零件，如图9-26所示。

4）画完视图之后，要进行检查修正，确定无误，按照图线的粗细要求和规格类型将图线描深，填充各个视图的剖面线，如图9-27所示。

5）标注必要的尺寸、编写序号、填写明细栏和技术要求，完成装配图的绘制，如图9-28所示。

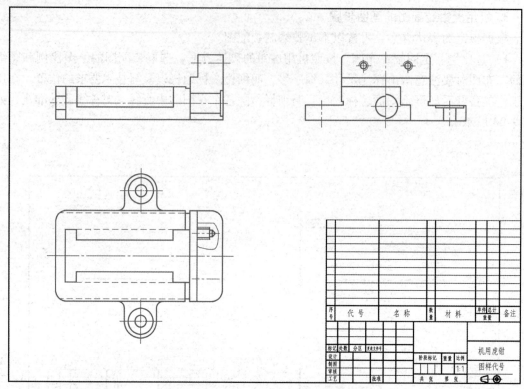

图 9-25 画固定钳身各视图的轮廓线

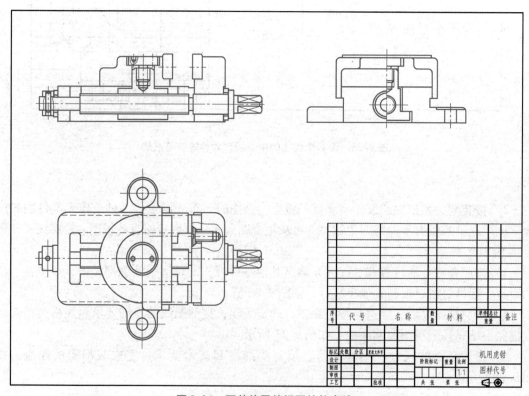

图 9-26 画其他零件视图的轮廓线

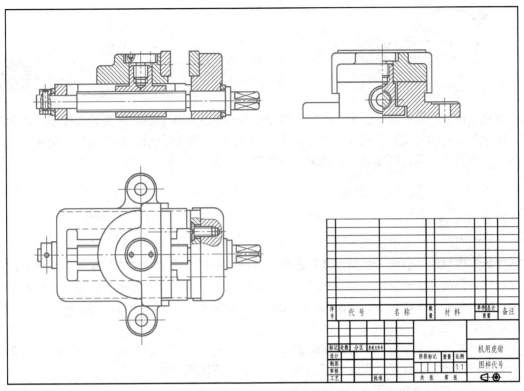

图 9-27 检查加深并填充剖面线

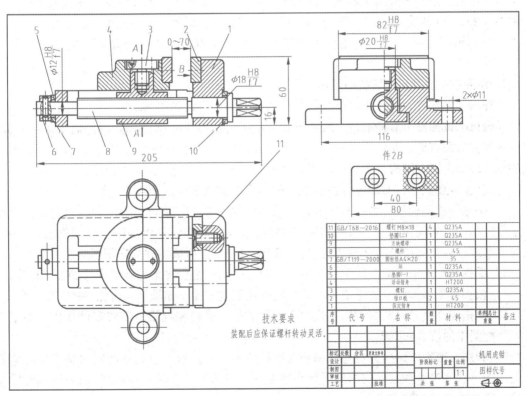

技术要求
装配后应保证螺杆转动灵活。

11	GB/T68—2016	螺钉 M8×1B	4	Q235A	
10		垫圈(二)	1	Q235A	
9		方块螺母	1	Q235A	
8		螺杆	1	45	
7	GB/T119—2000	圆柱销A4×20	1	35	
6		环	1	Q235A	
5		垫圈(一)	1	Q235A	
4		活动钳身	1	HT200	
3		螺钉	1	Q235A	
2		钳口板	1	45	
1		固定钳身	1	HT200	
序号	代号	名称	数量	材料	单件/总计 重量 备注

机用虎钳

图 9-28 机用虎钳装配图

9.7 读装配图

在机器或部件的制造、装配、使用、维修以及技术交流中，经常需要读装配图。读装配图即通过对装配图的图形、尺寸、符号和文字的分析，了解机器或部件的名称、用途、工作原理、结构特点、零件间的装配连接关系以及技术要求、操作方法等。

9.7.1 读装配图的方法与步骤

1. 概括了解

读装配图时，首先通过标题栏和产品说明书了解部件的名称、用途，从明细栏了解组成该部件的零件名称、数量、材料以及标准件的规格。通过对视图的浏览，了解装配图的表达情况和复杂程度，从绘图比例和外形尺寸了解部件的大小，从技术要求看该部件在装配、试验和使用时有哪些具体要求，从而对装配图的大体情况和内容有一个概括的了解。

2. 分析视图

对视图进行初步分析，明确装配图的表达方法、投影关系、剖切位置、视图的数量及各自的表达意图和它们相互之间的关系，为下一步深入读图做准备。

3. 分析工作原理和装配关系

对照各视图进一步分析机器或部件的工作原理、装配关系。看图时应先从反映工作原理的视图入手，分析机器或部件中零件的情况，了解其工作原理；然后根据投影规律，从反映装配关系的视图着手，分析各条装配轴线，弄清零件相互间的配合要求、定位和连接方式等。

4. 分析零件主要结构形状和用途

为深入了解部件，还应进一步分析零件的主要结构形状和用途。

一台机器或部件上有标准件、常用件和一般零件。对于标准件和常用件通常容易看懂，但一般零件有简有繁，其作用和地位又各不相同，应先从主要零件开始分析，按照下面的方法确定零件的范围、结构、形状、功用和装配关系：

1）从主视图入手，对照零件在各视图中的投影关系进行分析。

2）根据零件剖面线的方向和间隔，分清零件的轮廓范围（同一零件的剖面线在各个视图上方向相同、间隔相等），进而运用形体分析法并辅以线面分析法进行仔细推敲，此外，还应考虑零件为什么要采用这种结构形状，以便进一步分析该零件的作用。

3）根据装配图上所标注的配合代号，了解零件间的配合关系，确定零件的加工精度。

4）根据常见结构的表达方法和一些规定画法识别零件，如轴承、齿轮和密封结构等。

5）根据零件序号对照明细栏，找出零件的数量、材料和规格，了解零件作用，确定零件在装配图中的位置和范围。

6）利用一般零件结构有对称性和相互连接两零件的接触面应大致相同的特点，想象零件的结构形状（当某些零件的结构形状在装配图上表达不完整时）。有时还需要读零件图才能搞清零件的功用和结构特点。

9.7.2 读齿轮泵装配图

读图 9-29 所示齿轮泵装配图的方法与步骤如下:

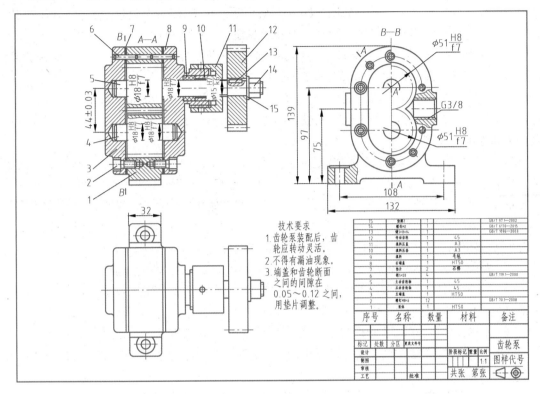

图 9-29 齿轮泵装配图

（1）概括了解 由标题栏可知，该装配体的名称是齿轮泵。齿轮泵是机器润滑、供油系统中的一个部件，其体积较小，要求传动平稳，保证供油，不能有渗漏。绘图比例是1:1。

由明细栏可知，该部件由 15 种零件组成，其中标准件 5 种，由此可知，这是一个较简单的部件。

（2）分析视图 齿轮泵装配图共有三个基本视图。主视图采用了全剖视图，将该部件的结构特点和零件间的装配、连接关系大部分表达出来。左视图采用了半剖视和局部剖视图，既表达了泵体的外形结构，也清楚地表达了齿轮的啮合情况，还表达了定位销和连接螺钉的分布形式，局部剖视表达了进油口和安装孔的结构。俯视图主要表达了齿轮泵外形及零件间的相互位置关系。

（3）分析传动路线和工作原理 齿轮泵的动力从传动齿轮输入，它按逆时针方向（从右视图上观察）转动时，通过键带动主动齿轮轴转动，再经过齿轮啮合带动从动齿轮轴沿顺时针方向转动。分析清楚传动关系后，下面来分析工作原理，如图 9-30 所示，一对齿轮在泵体内做啮合传

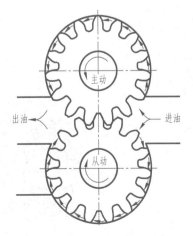

图 9-30 齿轮泵工作原理示意图

动时，啮合区内前部空间的压力降低，产生局部真空，油池内的油在大气压力作用下进入油泵低压区内的进油口，随着齿轮的转动，齿槽中的油不断沿箭头方向被带至后部的出油口把油压出，送至机器中需要润滑的部位。

凡属泵、阀类部件都需考虑防漏问题。为此，该泵在泵体与端盖的结合处加入了垫片，并在主动齿轮轴的伸出端用填料、填料压套和填料压盖加以密封。

(4) 分析装配关系　为了保证实现部件的功能，应该分析清楚零件之间的配合关系、连接方式和接触情况，以便更加深入地了解部件。

1) 连接方式。从图中可以看出，左、右端盖与泵体之间用 4 个圆柱销定位，用 12 个螺钉进行紧固连接；传动齿轮与主动齿轮轴用键连接，用垫圈和螺母固定位置；填料压盖与右泵盖之间为螺纹连接。

2) 配合关系。传动齿轮和主动齿轮轴的配合为 $\phi15H7/k6$，属于基孔制过渡配合。这种轴、孔两零件间较紧密的配合既便于装配，又有利于与键一起将两零件连成一体传递动力。主动齿轮轴、从动齿轮轴与左右端盖的配合为 $\phi18H8/f7$，属于间隙配合，它是最小间隙为零的间隙配合，既可保证轴在孔中能自由转动，又可减小或避免轴的径向跳动。主动齿轮轴、从动齿轮轴与泵体的配合为 $\phi51H8/f7$，同样也属于间隙配合。尺寸 44mm ± 0.03mm 反映出对齿轮啮合中心距的要求。不难想象，这个尺寸准确与否将会直接影响齿轮的传动情况。

(5) 分析零件主要结构形状和用途　按照前面所述的方法，通过投影分析想象出齿轮泵中每个零件的主要结构形状，并了解它们各自的用途。

(6) 归纳总结　在以上分析的基础上，还要对技术要求和全部尺寸进行分析，并把部件的性能、结构、装配、操作及维修等几方面联系起来研究，进行总结归纳，对部件才能有一个全面的了解。

齿轮泵的装配顺序是：将齿轮轴装入泵体内，盖上左端盖、右端盖；钻左、右端盖和泵体上的销孔，将圆柱销装入 4 个销孔；在左、右端盖上安装并拧紧 12 个内六角圆柱头螺钉；在主动齿轮轴右端装上密封填料、填料压套，并拧紧填料压盖；将键装入主动齿轮轴的键槽中，再安装传动齿轮、垫圈，并拧紧螺母。

齿轮泵爆炸图如图 9-31 所示。

图 9-31　齿轮泵爆炸图

复习思考题

9-1　一张完整的装配图应包括哪些内容?

9-2　在装配图上常采用哪些规定画法和简化画法?

9-3　装配图中对相邻零件剖面线的画法有何规定?

9-4　装配图中对同一零件在各个视图中的剖面线的画法有何规定?

9-5　在装配图上要标注哪些尺寸?

9-6　读装配图的方法与步骤是什么?

9-7　读装配图时,要求读懂部件的哪些内容?

附录

附录 A　键

附表 A-1　平键（GB/T 1096—2003）、平键的剖面及键槽（GB/T 1095—2003）　　　　（单位：mm）

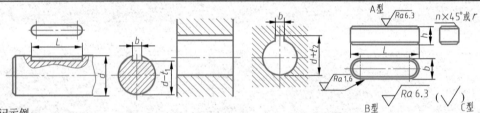

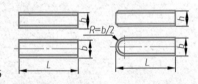

标记示例：

圆头普通平键（A 型），$b = 18\,\text{mm}$，$h = 11\,\text{mm}$，$L = 100\,\text{mm}$，标记为：GB/T 1096 键 $18 \times 11 \times 100$

方头普通平键（B 型），$b = 18\,\text{mm}$，$h = 11\,\text{mm}$，$L = 100\,\text{mm}$，标记为：GB/T 1096 键 B$18 \times 11 \times 100$

单圆头普通平键（C 型），$b = 18\,\text{mm}$，$h = 11\,\text{mm}$，$L = 100\,\text{mm}$，标记为：GB/T 1096 键 C$18 \times 11 \times 100$

轴径 d		键的基本尺寸			键槽深		r 小于
					轴	轮毂	
大于	至	b	h	L	t_1	t_2	
6	8	2	2	6 ~ 20	1.2	1.0	
8	10	3	3	6 ~ 36	1.8	1.4	0.16
10	12	4	4	8 ~ 45	2.5	1.8	
12	17	5	5	10 ~ 56	3.0	2.3	
17	22	6	6	14 ~ 70	3.5	2.8	0.25
22	30	8	7	18 ~ 90	4.0	3.3	
30	38	10	8	22 ~ 110	5.0	3.3	
38	44	12	8	28 ~ 140	5.0	3.3	
44	50	14	9	36 ~ 160	5.5	3.8	0.40
50	58	16	10	45 ~ 180	6.0	4.3	
58	65	18	11	50 ~ 200	7.0	4.4	

（续）

轴径 d		键的基本尺寸			键槽深		r 小于
					轴	轮毂	
大于	至	b	h	L	t_1	t_2	
65	75	20	12	56~220	7.5	4.9	
75	85	22	14	63~250	9.0	5.4	
85	95	25	14	70~280	9.0	5.4	0.60
95	110	28	16	80~320	10.0	6.4	
110	130	32	18	90~360	11.0	7.4	
130	150	36	20	100~400	12.0	8.4	
150	170	40	22	100~400	13.0	9.4	1.00
170	200	45	25	110~450	15.0	10.4	
200	230	50	28	125~500	17.0	11.4	
230	260	56	32	140~500	20.0	12.4	
260	290	63	32	160~500	20.0	12.4	1.60
290	330	70	36	180~500	22.0	14.4	
330	380	80	40	200~500	25.0	15.4	
380	440	90	45	220~500	28.0	17.4	2.50
440	500	100	50	250~500	31.0	19.5	
L 的系列		6,8,10,12,14,16,18,20,22,25,28,32,36,40,45,50,56,63,70,80,90,100,110,125,140,160,…					

注：对于空心轴、阶梯轴、传递较小转矩及定位等特殊情况，允许大直径的轴选用较小剖面尺寸的键。

附表 A-2　半圆键（GB/T 1099.1—2003）、键的剖面及键槽（GB/T 1098—2003）　　　　（单位：mm）

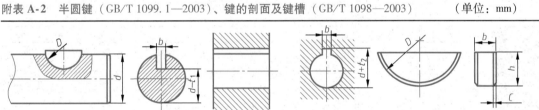

标记示例：
半圆键，$b=6$mm，$h=10$mm，$D=25$mm，标记为：GB/T 1099.1　键 6×10×25

轴径 d				键的尺寸				键槽深		C 小于
键传递转矩用		键传动定位用		b	h	D	L≈	轴 t_1	轮毂 t_2	
大于	至	大于	至							
3	4	3	4	1.0	1.4	4	3.9	1.0	0.6	
4	5	4	6	1.5	2.6	7	6.8	2.0	0.8	
5	6	6	8	2.0	2.6	7	6.8	1.8	1.0	
6	7	8	10		3.7	10	9.7	2.9	1.0	0.25
7	8	10	12	2.5	3.7	10	9.7	2.7	1.2	
8	10	12	15	3.0	5.0	13	12.7	3.8	1.4	
10	12	15	18		6.5	16	15.7	5.3	1.4	
12	14	18	20	4.0	6.5	16	15.7	5.0	1.8	
14	16	20	22		7.5	19	18.6	6.0	1.8	
16	18	22	25		6.5	16	15.7	4.5		
18	20	25	28	5.0	7.5	19	18.6	5.5	2.3	0.40
20	22	28	32		9	22	21.6	7.0		
22	25	32	36	6	9	22	21.6	6.5	2.8	
25	28	36	40		10	25	24.5	7.5	2.8	
28	32	40	—	8	11	28	27.4	8.0	3.3	0.60
32	38	—	—	10	13	32	31.4	10.0	3.3	

附录 B　销

附表 B-1　圆柱销（GB/T 119.1—2000、GB/T 119.2—2000）　　　　　　（单位：mm）

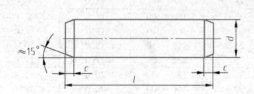 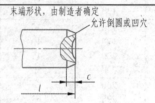

标记示例：

公称直径 $d=6$mm、公差为 m6、公称长度 $l=30$mm、材料为钢、不经淬火、不经表面处理的圆柱销标记为：销　GB/T 119.1 6m6×30

公称直径 $d=6$mm、公差为 m6、公称长度 $l=30$mm、材料为 A1 组奥氏体不锈钢、表面简单处理的圆柱销标记为：销　GB/T 119.1　6m6×30 – A1

公称直径 $d=6$mm、公差为 m6、公称长度 $l=30$mm、材料为钢、普通淬火（A 型）、表面氧化处理的圆柱销标记为：销　GB/T 119.2　6×30

公称直径 $d=6$mm、公差为 m6、公称长度 $l=30$mm、材料为 C1 组马氏体不锈钢、表面简单处理的圆柱销标记为：销　GB/T 119.2　6×30 – C1

	d	4	5	6	8	10	12	16	20	25	30	40	50
	$c\approx$	0.63	0.80	1.2	1.6	2.0	2.5	3.0	3.5	4.0	5.0	6.3	8.0
长度范围 l	GB/T 119.1	8~40	10~50	12~60	14~80	18~95	22~140	26~180	35~200	50~200	60~200	80~200	95~200
	GB/T 119.2	10~40	12~50	14~60	18~80	22~100	26~100	40~100	50~100	—	—	—	—
l（系列）		2,3,4,5,6,8,10,12,14,16,18,20,22,24,26,28,30,32,35,40,45,50,55,60,65,70,75,80,85,90,95,100,120,140,160,180,200											

附表 B-2　圆锥销（GB/T 117—2000）　　　　　　　　　　　　　（单位：mm）

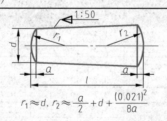

$$r_1 \approx d,\ r_2 \approx \frac{a}{2} + d + \frac{(0.021)^2}{8a}$$

标记示例：

公称直径 $d=6$mm、公称长度 $l=30$mm、材料为 35 钢、热处理硬度 28~38HRC、表面氧化处理的 A 型圆锥销标记为：销 GB/T 117　6×30

d	4	5	6	8	10	12	16	20	25	30	40	50
$a\approx$	0.5	0.63	0.8	1	1.2	1.6	2	2.5	3	4	5	6.3
长度范围 l	14~55	18~60	22~90	22~120	26~160	32~180	40~200	45~200	50~200	55~200	60~200	65~200
l（系列）	2,3,4,5,6,8,10,12,14,16,18,20,22,24,26,28,30,32,35,40,45,50,55,60,65,70,75,80,85,90,95,100,120,140,160,180,200											

注：1. 圆锥销锥度画法现应执行 GB/T 15754—1995 的规定。

　　2. 标准规定圆锥销的公称直径 $d=0.6~50$mm。

　　3. 圆锥销有 A 型和 B 型。A 型为磨削，锥面表面结构要求为 $Ra=0.8\mu m$；B 型为切削或冷镦，锥面表面结构要求为 $Ra=3.2\mu m$。

附录 C　螺纹的结构要素

附表 C-1　普通螺纹收尾、肩距、退刀槽和倒角（GB/T 3—1997）　　　　　　　　　（单位：mm）

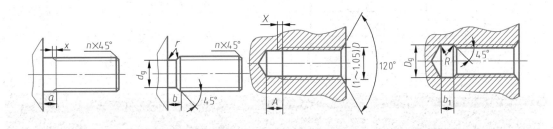

螺距 P	粗牙螺纹大径 d	外螺纹						内螺纹				
		收尾 x_{max}	肩距 a_{max}	退刀槽				收尾 X max	肩距 A	退刀槽		
					b_{max}	r $\approx$	d_g			b_1 一般	R $\approx$	D_g
		一般		一般				一般				
0.5	3	1.25	1.5	1.5	0.2	$d-0.8$	2	3	2	0.2	
0.6	3.5	1.5	1.8	1.8	0.4	$d-1$	2.4	3.2	2.4	0.3	
0.7	4	1.75	2.1	2.1	0.4	$d-1.1$	2.8	3.5	2.8	0.4	$D+0.3$
0.75	4.5	1.9	2.25	2.25	0.4	$d-1.2$	3	3.8	3	0.4	
0.8	5	2	2.4	2.4	0.4	$d-1.3$	3.2	4	3.2	0.4	
1	6,7	2.5	3	3	0.6	$d-1.6$	4	5	4	0.5	
1.25	8	3.2	4	3.75	0.6	$d-2$	5	6	5	0.6	
1.5	10	3.8	4.5	4.5	0.8	$d-2.3$	6	7	6	0.8	
1.75	12	4.3	5.3	5.25	1	$d-2.6$	7	9	7	0.9	
2	14,16	5	6	6	1	$d-3$	8	10	8	1	
2.5	18,20,22	6.3	7.5	7.5	1.2	$d-3.6$	10	12	10	1.2	
3	24,27	7.5	9	9	1.6	$d-4.4$	12	14	12	1.5	$D+0.5$
3.5	30,33	9	10.5	10.5	1.6	$d-5$	14	16	14	1.8	
4	36,39	10	12	12	2	$d-5.7$	16	18	16	2	
4.5	42,45	11	13.5	13.5	2.5	$d-6.4$	18	21	18	2.2	
5	48,52	12.5	15	15	2.5	$d-7$	20	23	20	2.5	
5.5	56,60	14	16.5	17.5	3.2	$d-7.7$	22	25	22	2.8	
6	64,68	15	18	18	3.2	$d-8.3$	24	28	24	3	

注：1. 外螺纹倒角和退刀槽过渡角可按 60°或 30°制作。当螺纹按 60°或 30°倒角时，倒角深度约为螺纹牙高。

　　2. 内螺纹倒角一般是 120°锥角，也可以是 90°锥角。

附录 D　螺纹

附表 D-1　普通螺纹的基本尺寸（GB/T 196—2003）　　　　　　　　　　（单位：mm）

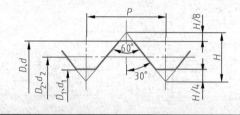

$$D_2 = D - 2 \times \frac{3}{8}H \quad d_2 = d - 2 \times \frac{3}{8}H$$

$$D_1 = D - 2 \times \frac{5}{8}H \quad d_1 = d - 2 \times \frac{5}{8}H$$

$$H = \frac{\sqrt{3}}{2}P$$

公称直径 D、d	螺距 P	中径 D_2 或 d_2	小径 D_1 或 d_1	公称直径 D、d	螺距 P	中径 D_2 或 d_2	小径 D_1 或 d_1
3	0.5	2.675	2.459	16	1	15.350	14.917
	0.35	2.773	2.621	18	2.5	16.376	15.294
4	0.7	3.545	3.242		2	16.701	15.835
	0.5	3.675	3.459		1.5	17.026	16.376
5	0.8	4.480	4.134		1	17.350	16.917
	0.5	4.675	4.459	20	2.5	18.376	17.294
6	1	5.350	4.917		2	18.701	17.835
	0.75	5.513	5.188		1.5	19.026	18.376
8	1.25	7.188	6.647		1	19.350	18.917
	1	7.350	6.917	22	2.5	20.376	19.294
	0.75	7.513	7.188		2	20.701	19.835
10	1.5	9.026	8.376		1.5	21.026	20.376
	1.25	9.188	8.647		1	21.350	20.917
	1	9.350	8.917	24	3	22.051	20.752
	0.75	9.513	9.188		2	22.701	21.835
12	1.75	10.863	10.106		1.5	23.026	22.376
	1.5	11.026	10.376		1	23.350	22.917
	1.25	11.188	10.647	27	3	25.051	23.752
	1	11.350	10.917		2	25.701	24.835
14	2	12.701	11.835		1.5	26.026	25.376
	1.5	13.026	12.376		1	26.350	25.917
	1.25	13.188	12.647	30	3.5	27.727	26.211
	1	13.350	12.917				
16	2	14.701	13.835				
	1.5	15.026	14.376				

公称直径 D、d	螺距 P	中径 D_2 或 d_2	小径 D_1 或 d_1	公称直径 D、d	螺距 P	中径 D_2 或 d_2	小径 D_1 或 d_1
30	3	28.051	26.752	42	1.5	41.026	40.376
	2	28.701	27.835	**45**	4.5	42.077	40.129
	1.5	29.026	28.376		4	42.402	40.670
	1	29.350	28.917		3	43.051	41.752
33	3.5	30.727	29.211		2	43.701	42.835
	3	31.051	29.752		1.5	44.026	43.376
	2	31.701	30.835	**48**	5	44.752	42.587
	1.5	32.026	31.376		4	45.402	43.670
36	4	33.402	31.670		3	46.051	44.752
	3	34.051	32.752		2	46.701	45.835
	2	34.701	33.835		1.5	47.026	46.376
	1.5	35.026	34.376	*50*	3	48.051	46.752
39	4	36.402	34.670		2	48.701	47.835
	3	37.051	35.752		1.5	49.026	48.376
	2	37.701	36.835	**52**	5	48.752	46.587
	1.5	38.026	37.376		4	49.402	47.670
40	3	38.051	36.752		3	50.051	48.752
	2	38.701	37.835		2	50.701	49.835
	1.5	39.026	38.376		1.5	51.026	50.376
42	4.5	39.077	37.129	*55*	4	52.402	50.670
	4	39.402	37.670		3	53.051	51.752
	3	40.015	38.752		2	53.701	52.835
	2	40.701	39.835		1.5	54.026	53.376

注：加粗黑体公称直径为第一系列，优先选用；斜体为第三系列，尽量不用。

附表 D-2　梯形螺纹的基本尺寸（GB/T 5796.3—2005）　　　　　　　　　　（单位：mm）

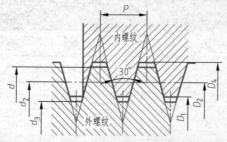

标记示例：

　　公称直径为40mm，导程为14mm，螺距为7mm的双线左旋梯形螺纹标记为：Tr40×14(P7)LH

公称直径 d (第一系列)	公称直径 d (第二系列)	螺距 P	中径 $d_2=D_2$	大径 D_4	小径 d_1	小径 D_1	公称直径 d (第一系列)	公称直径 d (第二系列)	螺距 P	中径 $d_2=D_2$	大径 D_4	小径 d_1	小径 D_1
8		1.5	7.25	8.30	6.20	6.50	26		5	23.50	26.50	20.50	21.00
	9	1.5	8.25	9.30	7.20	7.50	26		8	22.00	27.00	17.00	18.00
	9	2	8.00	9.50	6.50	7.00	28		3	26.50	28.50	24.50	25.00
10		1.5	9.25	10.30	8.20	8.50	28		5	25.00	28.50	22.00	23.00
10		2	9.00	10.50	7.50	8.00	28		8	24.00	29.00	19.00	20.00
	11	2	10.00	11.50	8.50	9.00		30	3	28.50	30.50	26.50	27.00
	11	3	9.50	11.50	7.50	8.00		30	6	27.00	31.00	23.00	24.00
12		2	11.00	12.50	9.50	10.00		30	10	25.00	31.00	19.00	20.00
12		3	10.50	12.50	8.50	9.00	32		3	30.50	32.50	28.50	29.00
	14	2	13.00	14.50	11.50	12.00	32		6	29.00	33.00	25.00	26.00
	14	3	12.50	14.50	10.50	11.00	32		10	27.00	33.00	21.00	22.00
16		2	15.00	16.50	13.50	14.00		34	3	32.50	34.50	30.50	31.00
16		4	14.00	16.50	11.50	12.00		34	6	31.00	35.00	27.00	28.00
	18	2	17.00	18.50	15.50	16.00		34	10	29.00	35.00	23.00	24.00
	18	4	16.00	18.50	13.50	14.00	36		3	34.50	36.50	32.50	33.00
20		2	19.00	20.50	17.50	18.00	36		6	33.00	37.00	29.00	30.00
20		4	18.00	20.50	15.50	16.00	36		10	31.00	37.00	25.00	26.00
	22	3	20.50	22.50	18.50	19.00		38	3	36.50	38.50	34.50	35.00
	22	5	19.50	22.50	16.50	17.00		38	7	34.50	39.00	30.00	31.00
	22	8	18.00	23.00	13.00	14.00		38	10	33.00	39.00	27.00	28.00
24		3	22.50	24.50	20.50	21.00	40		3	38.50	40.50	36.50	37.00
24		5	21.50	24.50	18.50	19.00	40		7	36.50	41.00	32.00	33.00
24		8	20.00	25.00	15.00	16.00	40		10	35.00	41.00	29.00	30.00
	26	3	24.50	26.50	22.50	23.00							

注：D 为内螺纹，d 为外螺纹。

附表 D-3　55°非密封管螺纹（GB/T 7307—2001）　　　　　　　　　　　　（单位：mm）

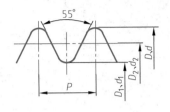

标记示例：

$G_1\frac{1}{2}$：内螺纹，尺寸代号为 $1\frac{1}{2}$，右旋

$G_1\frac{1}{2}A$：外螺纹，尺寸代号为 $1\frac{1}{2}$，A级，右旋

$G_1\frac{1}{2}B\text{-}LH$：外螺纹，尺寸代号为 $1\frac{1}{2}$，B 级，左旋

$G_1\frac{1}{2}G_1\frac{1}{2}A$：内外螺纹旋合，尺寸代号为 $1\frac{1}{2}$

尺寸代号	每25.4mm 内的螺纹牙数 n	螺距 P	螺纹直径	
			大径 D,d	小径 D_1,d_1
1/8	28	0.907	9.728	8.566
1/4	19	1.337	13.157	11.445
3/8	19	1.337	16.662	14.950
1/2	14	1.814	20.995	18.631
5/8	14	1.814	22.911	20.587
3/4	14	1.814	26.411	24.117
7/8	14	1.814	30.201	27.877
1	11	2.309	33.249	30.291
$1\frac{1}{8}$	11	2.309	37.897	34.939
$1\frac{1}{4}$	11	2.309	41.910	38.952
$1\frac{1}{2}$	11	2.309	47.803	44.854
$1\frac{3}{4}$	11	2.309	53.746	50.788
2	11	2.309	59.614	56.656
$2\frac{1}{4}$	11	2.309	65.710	62.752
$2\frac{1}{2}$	11	2.309	75.184	72.226
$2\frac{3}{4}$	11	2.309	81.534	78.576
3	11	2.309	87.884	84.926

附表 D-4 55°密封管螺纹（GB/T 7306.1—2000 和 GB/T 7306.2—2000）　　　　　　（单位：mm）

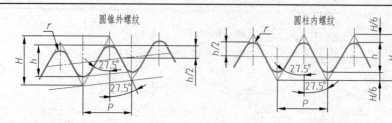

$$P=\frac{25.4}{n}$$

$H=0.960237P$　　$h=0.640327P$　　$r=0.137278P$　　　　　$H=0.960491P$　　$h=0.640327P$　　$r=0.137329P$

标记示例：

Rc1$\frac{1}{2}$：圆锥内螺纹，尺寸代号为 1$\frac{1}{2}$

Rp1$\frac{1}{2}$：圆柱内螺纹，尺寸代号为 1$\frac{1}{2}$

R_1 $\frac{1}{2}$LH：与圆柱内螺纹相配合的圆锥外螺纹，尺寸代号为 1$\frac{1}{2}$，左旋

$R_2$1$\frac{1}{2}$：与圆锥内螺纹相配合的圆锥外螺纹，尺寸代号为 1$\frac{1}{2}$

尺寸代号	每25.4mm内的牙数 n	螺距 P	牙高 h	圆弧半径 r	基准平面内的基本直径			基准距离	有效螺纹长度 基本
					大径(基准直径) $d=D$	中径 $d_2=D_2$	小径 $d_1=D_1$		
1/16	28	0.907	0.581	0.125	7.723	7.142	6.561	4.0	6.5
1/8	28	0.907	0.581	0.125	9.728	9.147	8.566	4.0	6.5
1/4	19	1.337	0.856	0.184	13.157	12.301	11.445	6.0	9.7
3/8	19	1.337	0.856	0.184	16.662	15.806	14.950	6.4	10.1
1/2	14	1.814	1.162	0.249	20.955	19.793	18.631	8.2	13.2
3/4	14	1.814	1.162	0.249	26.441	25.279	24.117	9.5	14.5
1	11	2.309	1.479	0.317	33.249	31.770	30.291	10.4	16.8
1$\frac{1}{4}$	11	2.309	1.479	0.317	41.910	40.431	38.952	12.7	19.1
1$\frac{1}{2}$	11	2.309	1.479	0.317	47.803	46.324	44.845	12.7	19.1
2	11	2.309	1.479	0.317	59.614	58.135	56.656	15.9	23.4
2$\frac{1}{2}$	11	2.309	1.479	0.317	75.184	73.705	72.226	17.5	26.7
3	11	2.309	1.479	0.317	87.884	86.405	84.926	20.6	29.8
4	11	2.309	1.479	0.317	113.030	111.551	110.072	25.4	35.8
5	11	2.309	1.479	0.317	138.430	136.951	135.472	28.6	40.1
6	11	2.309	1.479	0.317	163.830	162.351	160.872	28.6	40.1

附录E　螺纹紧固件

附表 **E-1**　六角头螺栓（GB/T 5782—2016、GB/T 5783—2016）　　　　　　　　　（单位：mm）

六角头螺栓A级和B级　GB/T 5782—2016　　　六角头螺栓（全螺纹）A 级和 B 级 GB/T 5783—2016

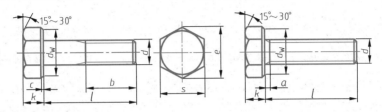

标注示例：

螺纹规格为 M12、公称长度 $l=80$mm、性能等级为 8.8 级、表面不经处理、产品等级为 A 级的六角头螺栓的

标记为：螺栓　GB/T 5782　M12×80

若为全螺纹，则标记为：螺栓　GB/T 5783　M12×80

螺纹规格 d			M3	M4	M5	M6	M8	M10	M12	M16	M20	M24	M30
e_{min}	产品等级	A	6.01	7.66	8.79	11.05	14.38	17.77	20.03	26.75	33.53	39.98	—
		B	5.88	7.50	8.63	10.89	14.20	17.59	19.85	26.17	32.95	39.55	50.85
s_{max} =公称			5.5	7	8	10	13	16	18	24	30	36	46
k 公称			2	2.8	3.5	4	5.3	6.4	7.5	10	12.5	15	18.7
c	max		0.4	0.4	0.5	0.5	0.6	0.6	0.6	0.8	0.8	0.8	0.8
	min		0.15	0.15	0.15	0.15	0.15	0.15	0.15	0.2	0.2	0.2	0.2
d_{wmin}	产品等级	A	4.57	5.88	6.88	8.88	11.63	14.63	16.63	22.49	28.19	33.61	—
		B	4.45	5.74	6.74	8.74	11.47	14.47	16.47	22	27.7	33.25	42.75
GB/T 5782—2016	b 参考	l 公称≤125	12	14	16	18	22	26	30	38	46	54	66
		125< l 公称≤200	18	20	22	24	28	32	36	44	52	60	72
		l 公称>200	31	33	35	37	41	45	49	57	65	73	85
		l 公称	20~30	25~40	25~50	30~60	35~80	40~100	45~120	55~160	65~200	80~240	90~300
GB/T 5783—2016	a_{max}		1.5	2.1	2.4	3	4	4.5	5.3	6	7.5	9	10.5
	l 公称		6~30	8~40	10~50	12~60	16~80	20~100	25~100	35~100	40~100	40~100	40~100

注：1. l 的系列：12，16，20，25，30，35，40，45，50，55，60，65，70~160（10 进位），180~360（20 进位）。

2. A级用于 $d≤24$mm 和 $l≤10d$ 或≤150mm 的螺栓；B 级用于 $d>24$mm 和 $l>10d$ 或 >150mm 的螺栓。

3. 材料为钢的螺栓性能等级有 5.6、8.8、9.8、10.9 四个等级，其中 8.8 级最为常用。

附表 E-2　双头螺柱（GB/T 897—1988、GB/T 898—1988、GB/T 899—1988、GB/T 900—1988）

（单位：mm）

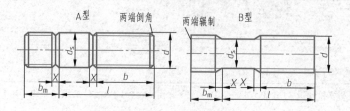

GB/T 897—1988（$b_m = 1d$），GB/T 898—1988（$b_m = 1.25d$），GB/T 899—1988（$b_m = 1.5d$），GB/T 900—1988（$b_m = 2d$）

标记示例:

两端均为粗牙普通螺纹，$d = 10$mm、$l = 50$mm、性能等级为 4.8 级、不经表面处理、B 型、$b_m = 1d$ 的双头螺柱，标记为:螺柱　GB/T 897　M10×50

旋入端为粗牙普通螺纹，紧固端为螺距 $P = 1$mm 的细牙普通螺纹，$d = 10$mm、$l = 50$mm、性能等级为 4.8 级、不经表面处理、A 型、$b_m = 1d$ 的双头螺柱，标记为:螺柱　GB/T 897　A M10—M10×1×50

两端均为粗牙普通螺纹，$d = 10$mm、$l = 50$mm、性能等级为 4.8 级，不经表面处理、B 型，$b_m = 1.25d$ 的双头螺柱，标记为:螺柱　GB/T 898　M10×50

螺纹规格 d	b_m 公称		d_s		X	b	l 公称
	GB/T 897	GB/T 898	max	min	max		
M5	5	6	5	4.7		10	16 ~ (22)
						16	25 ~ 50
M6	6	8	6	5.7		10	20, (22)
						14	25, (28), 30
						18	(32) ~ (75)
M8	8	10	8	7.64		12	20, (22)
						16	25, (28), 30
						22	(32) ~ 90
M10	10	12	10	9.64		14	25, (28)
						16	30 ~ (38)
						26	40 ~ 120
						32	130
M12	12	15	12	11.57	2.5P	16	25 ~ 30
						20	(32) ~ 40
						30	45 ~ 120
						36	130 ~ 180
M16	16	20	16	15.57		20	30 ~ (38)
						30	40 ~ (55)
						38	60 ~ 120
						44	130 ~ 200
M20	20	25	20	19.48		25	35 ~ 40
						35	45 ~ (65)
						46	70 ~ 120
						52	130 ~ 200

注:l 的系列:16,（18）,20,（22）,25,（28）,30,（32）,35,（38）,40,45,50,（55）,60,（65）,70,（75）,80,（85）,90,（95）,100 ~ 200（10 进位）。括号内的尽量不用。

附表 E-3　螺钉（GB/T 65—2016、GB/T 67—2016、GB/T 68—2016）　　　　（单位：mm）

开槽圆柱头螺钉（GB/T 65—2016）　　开槽盘头螺钉（GB/T 67—2016）　　　开槽沉头螺钉（GB/T 68—2016）

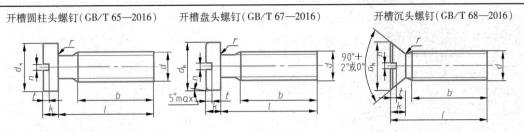

标记示例：

螺纹规格为 M5，公称长度 l = 20mm，性能等级为 4.8 级，表面不经处理的 A 级开槽圆柱头螺钉，标记为：螺钉　GB/T 65 M5 × 20

螺纹规格 d			M3	M4	M5	M6	M8	M10
b_{min}			25	38				
n 公称			0.8	1.2	1.2	1.6	2	2.5
GB/T 65—2016	d_k	max	5.5	7	8.5	10	13	16
		min	5.32	6.78	8.28	9.78	12.73	15.73
	k	max	2.00	2.6	3.3	3.9	5	6
		min	1.86	2.46	3.12	3.6	4.7	5.7
	t	min	0.85	1.1	1.3	1.6	2	2.4
	r	min	0.1	0.2	0.2	0.25	0.4	0.4
GB/T 67—2016	d_k	max	5.6	8	9.5	12	16	20
		min	5.3	7.64	9.14	11.57	15.57	19.48
	k	max	1.8	2.4	3	3.6	4.8	6
		min	1.66	2.26	2.88	3.3	4.5	5.7
	t	min	0.7	1	1.2	1.4	1.9	2.4
	r	min	0.1	0.2	0.2	0.25	0.4	0.4
GB/T 68—2016	d_k	max	5.5	8.4	9.3	11.3	15.8	18.3
		min	5.2	8.04	8.94	10.87	15.37	17.78
	k	max	1.65	2.7	2.7	3.3	4.65	5
	t	max	0.85	1.3	1.4	1.6	2.3	2.6
		min	0.60	1	1.1	1.2	1.8	2
	r	max	0.8	1	1.3	1.5	2	2.5
l 系列			2,3,4,5,6,8,10,12,(14),16,20,25,30,35,40,45,50,(55),60,(65),70,(75),80。括号内的尽量不用					

附表 E-4　紧定螺钉　　　　　　　　　　　　　　　　　　　　　　　（单位：mm）

开槽锥端紧定螺钉　　　　　开槽平端紧定螺钉　　　　　开槽长圆柱端紧定螺钉
（GB/T 71—2018）　　　　　（GB/T 73—2017）　　　　　（GB/T 75—2018）

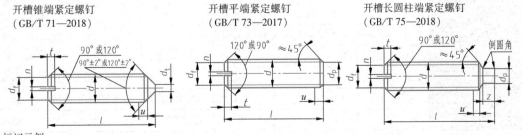

标记示例：

螺纹规格 d = M5，公称长度 L = 12mm，性能等级 12H 级，表面氧化的开槽锥端紧定螺钉，标记为：螺钉 GB/T 71 M5 × 12

（续）

螺纹规格 d			M2	M2.5	M3	M4	M5	M6	M8	M10	M12
$d_{\mathrm{f}} \approx$ 或 max			螺纹小径								
n 公称			0.25	0.4	0.4	0.6	0.8	1	1.2	1.6	2
t		min	0.64	0.72	0.8	1.12	1.28	1.6	2	2.4	2.8
		max	0.84	0.95	1.05	1.42	1.63	2	2.5	3	3.6
GB/T 71—2018	d_{t}	min	—	—	—	—	—	—	—	—	—
		max	0.2	0.25	0.3	0.4	0.5	1.5	2	2.5	3
	l		3~10	3~12	4~16	6~20	8~25	8~30	10~40	12~50	(14)~60
GB/T 73—2017 GB/T 75—2018	d_{p}	min	0.75	1.25	1.75	2.25	3.2	3.7	5.2	6.64	8.14
		max	1	1.5	2	2.5	3.5	4	5.5	7	8.5
GB/T 73—2017	l	120°	2~2.5	2.5~3	3	4	5	6			
		90°	3~10	4~12	4~16	5~20	6~25	8~30	8~40	10~50	12~60
GB/T 75—2018	z	min	1	1.25	1.5	2	2.5	3	4	5	6
		max	1.25	1.5	1.75	2.25	2.75	3.25	4.3	5.3	6.3
	l	120°	3	4	5	6	8	8~10	10~12	12~16	(14)~20
		90°	4~10	5~12	6~16	8~20	10~25	12~30	(14)~40	20~50	25~60

注：括号内的数值尽量不采用。

附表 E-5　螺母　　　　　　　　　　　　　　　　　　　　　　　　　　　　　　（单位：mm）

1 型六角螺母：A 级和 B 级　　　　2 型六角螺母：A 级和 B 级　　　　　　　　　六角薄螺母：A 级和 B 级
　GB/T 6170—2015　　　　　　　　　GB/T 6175—2016　　　　　　　　　　　　　GB/T 6172.1—2016

标记示例：
螺纹规格为 M12、性能等级为 8 级、表面不经处理、产品等级为 A 级的 1 型六角螺母，标记为：螺母　GB/T 6170　M12
螺纹规格为 M12、性能等级为 04 级、表面不经处理、产品等级为 A 级的六角薄螺母，标记为：螺母　GB/T 6172.1　M12

螺纹规格 D		M3	M4	M5	M6	M8	M10	M12	M16	M20	M24	M30	M36
$e_{\min}$		6.01	7.66	8.79	11.05	14.38	17.77	20.03	26.75	32.95	39.55	50.85	60.79
s	max	5.5	7	8	10	13	16	18	24	30	36	46	55
	min	5.32	6.78	7.78	9.78	12.73	15.73	17.73	23.67	29.16	35	45	53.8
$c_{\max}$		0.4	0.4	0.5	0.5	0.6	0.6	0.6	0.8	0.8	0.8	0.8	0.8
d_{wmin}		4.6	5.9	6.9	8.9	11.6	14.6	16.6	22.5	27.7	33.3	42.8	51.1
GB/T 6170—2015 m	max	2.4	3.2	4.7	5.2	6.8	8.4	10.8	14.8	18	21.5	25.6	31
	min	2.15	2.9	4.4	4.9	6.44	8.04	10.37	14.1	16.9	20.2	24.3	29.4
GB/T 6172.1—2016 m	max	1.8	2.2	2.7	3.2	4	5	6	8	10	12	15	18
	min	1.55	1.95	2.45	2.9	3.7	4.7	5.7	7.42	9.10	10.9	13.9	16.9
GB/T 6175—2016 m	max	—	—	5.1	5.7	7.5	9.3	12	16.4	20.3	23.9	28.6	34.7
	min	—	—	4.8	5.4	7.14	8.94	11.57	15.7	19	22.6	27.3	33.1

注：A 级用于 D≤16mm 的螺母，B 级用于 D>16mm 的螺母。

附表 E-6　垫圈 　　　　　　　　　　　　　　　　　　　　　　　　　　　　　（单位：mm）

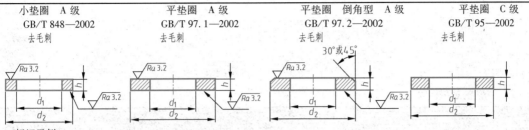

小垫圈　A 级	平垫圈　A 级	平垫圈　倒角型　A 级	平垫圈　C 级
GB/T 848—2002 去毛刺	GB/T 97.1—2002 去毛刺	GB/T 97.2—2002 去毛刺	GB/T 95—2002 去毛刺

标记示例：

公称尺寸 $d=8$mm，性能等级为 140HV 级，不经表面处理，产品等级为 A 级的倒角型平垫圈，标记为：垫圈　GB/T 97.2 8

公称尺寸 （螺纹大径 d）			3	4	5	6	8	10	12	16	20	24	30	36
内径 d_1	GB/T 848 GB/T 97.1	公称	3.2	4.3	5.3	6.4	8.4	10.5	13	17	21	25	31	37
		max	3.38	4.48	5.48	6.62	8.62	10.77	13.27	17.27	21.33	25.33	31.39	37.62
	GB/T 97.2	公称	—	—	5.3	6.4	8.4	10.5	13	17	21	25	31	37
		max	—	—	5.48	6.62	8.62	10.77	13.27	17.27	21.33	25.33	31.39	37.62
	GB/T 95	公称	3.4	4.5	5.5	6.6	9	11	13.5	17.5	22	26	33	39
		max	3.7	4.8	5.8	6.96	9.36	11.43	13.93	17.93	22.52	26.52	33.62	40
GB/T 848—2002	外径 d_2（公称）		6	8	9	11	15	18	20	28	34	39	50	60
	厚度 h（公称）		0.5	0.5	1	1.6	1.6	1.6	2	2.5	3	4	4	5
GB/T 97.1—2002 GB/T 97.2—2002 GB/T 95—2002	外径 d_2		7	9	10	12	16	20	24	30	37	44	56	66
	厚度 h		0.5	0.8	1	1.6	1.6	2	2.5	3	3	4	4	5

注：GB/T 97.2—2002 和 GB/T 95—2002 主要用于规格为 M5～M36 的标准六角螺栓、螺钉和螺母。

附表 E-7　标准型弹簧垫圈（摘自 GB/T 93—1987） 　　　　　　　　　　　　　（单位：mm）

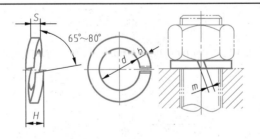

标记示例：

规格16mm、材料为65Mn、表面氧化的标准型弹簧垫圈，标记为：垫圈　GB/T 93　16

规格（螺纹大径）		4	5	6	8	10	12	16	20	24	30
d	min	4.1	5.1	6.1	8.1	10.2	12.2	16.2	20.2	24.5	30.5
	max	4.4	5.4	6.68	8.68	10.9	12.9	16.9	21.04	25.5	31.5
$S(b)$	公称	1.1	1.3	1.6	2.1	2.6	3.1	4.1	5	6	7.5
	min	1	1.2	1.5	2	2.45	2.95	3.9	4.8	5.8	7.2
	max	1.2	1.4	1.7	2.2	2.75	3.25	4.3	5.2	6.2	7.8
H	min	2.2	2.6	3.2	4.2	5.2	6.2	8.2	10	12	15
	max	2.75	3.25	4	5.25	6.5	7.75	10.25	12.5	15	18.75
$m \leqslant$		0.55	0.65	0.8	1.05	1.3	1.55	2.05	2.5	3	3.75

机械制图

附录F　极限与配合

附表 F-1　轴的极限偏差（GB/T 1800.2—2009）

极限偏

公称尺寸/mm		a	b		c			d				e		
大于	至	11	11	12	9	10	11	8	9	10	11	7	8	9
—	3	−270 −330	−140 −200	−140 −240	−60 −85	−60 −100	−60 −120	−20 −34	−20 −45	−20 −60	−20 −80	−14 −24	−14 −28	−14 −39
3	6	−270 −345	−140 −215	−140 −260	−70 −100	−70 −118	−70 −145	−30 −48	−30 −60	−30 −78	−30 −105	−20 −32	−20 −38	−20 −50
6	10	−280 −370	−150 −240	−150 −300	−80 −116	−80 −138	−80 −170	−40 −62	−40 −76	−40 −98	−40 −130	−25 −40	−25 −47	−25 −61
10	14	−290 −400	−150 −260	−150 −330	−95 −138	−95 −165	−95 −205	−50 −77	−50 −93	−50 −120	−50 −160	−32 −50	−32 −59	−32 −75
14	18	−290 −400	−150 −260	−150 −330	−95 −138	−95 −165	−95 −205	−50 −77	−50 −93	−50 −120	−50 −160	−32 −50	−32 −59	−32 −75
18	24	−300 −430	−160 −290	−160 −370	−110 −162	−110 −194	−110 −240	−65 −98	−65 −117	−65 −149	−65 −195	−40 −61	−40 −73	−40 −92
24	30	−300 −430	−160 −290	−160 −370	−110 −162	−110 −194	−110 −240	−65 −98	−65 −117	−65 −149	−65 −195	−40 −61	−40 −73	−40 −92
30	40	−310 −470	−170 −330	−170 −420	−120 −182	−120 −220	−120 −280	−80 −119	−80 −142	−80 −180	−80 −240	−50 −75	−50 −89	−50 −112
40	50	−320 −480	−180 −340	−180 −430	−130 −192	−130 −230	−130 −290	−80 −119	−80 −142	−80 −180	−80 −240	−50 −75	−50 −89	−50 −112
50	65	−340 −530	−190 −380	−190 −490	−140 −214	−140 −260	−140 −330	−100 −146	−100 −174	−100 −220	−100 −290	−60 −90	−60 −106	−60 −134
65	80	−360 −550	−200 −390	−200 −500	−150 −224	−150 −270	−150 −340	−100 −146	−100 −174	−100 −220	−100 −290	−60 −90	−60 −106	−60 −134
80	100	−380 −600	−220 −440	−220 −570	−170 −257	−170 −310	−170 −390	−120 −174	−120 −207	−120 −260	−120 −340	−72 −107	−72 −126	−72 −159
100	120	−410 −630	−240 −460	−240 −590	−180 −267	−180 −320	−180 −400	−120 −174	−120 −207	−120 −260	−120 −340	−72 −107	−72 −126	−72 −159
120	140	−460 −710	−260 −510	−260 −660	−200 −300	−200 −360	−200 −450	−145 −208	−145 −245	−145 −305	−145 −395	−85 −125	−85 −148	−85 −185
140	160	−520 −770	−280 −530	−280 −680	−210 −310	−210 −370	−210 −460	−145 −208	−145 −245	−145 −305	−145 −395	−85 −125	−85 −148	−85 −185
160	180	−580 −830	−310 −560	−310 −710	−230 −330	−230 −390	−230 −480	−145 −208	−145 −245	−145 −305	−145 −395	−85 −125	−85 −148	−85 −185
180	200	−660 −950	−340 −630	−340 −800	−240 −355	−240 −425	−240 −530	−170 −242	−170 −285	−170 −355	−170 −460	−100 −146	−100 −172	−100 −215
200	225	−740 −1030	−380 −670	−380 −840	−260 −375	−260 −445	−260 −550	−170 −242	−170 −285	−170 −355	−170 −460	−100 −146	−100 −172	−100 −215
225	250	−820 −1110	−420 −710	−420 −880	−280 −395	−280 −465	−280 −570	−170 −242	−170 −285	−170 −355	−170 −460	−100 −146	−100 −172	−100 −215
250	280	−920 −1240	−480 −800	−480 −1000	−300 −430	−300 −510	−300 −620	−190 −271	−190 −320	−190 −400	−190 −510	−110 −162	−110 −191	−110 −240
280	315	−1050 −1370	−540 −860	−540 −1060	−330 −460	−330 −540	−330 −650	−190 −271	−190 −320	−190 −400	−190 −510	−110 −162	−110 −191	−110 −240
315	355	−1200 −1560	−600 −960	−800 −1170	−360 −500	−360 −590	−360 −720	−210 −299	−210 −350	−210 −440	−210 −570	−125 −182	−125 −214	−125 −265
355	400	−1350 −1710	−680 −1040	−680 −1250	−400 −540	−400 −630	−400 −760	−210 −299	−210 −350	−210 −440	−210 −570	−125 −182	−125 −214	−125 −265

差/μm

f					g			h							
5	6	7	8	9	5	6	7	5	6	7	8	9	10	11	12
−6	−6	−6	−6	−6	−2	−2	−2	0	0	0	0	0	0	0	0
−10	−12	−16	−20	−31	−6	−8	−12	−4	−6	−10	−14	−25	−40	−60	−100
−10	−10	−10	−10	−10	−4	−4	−4	0	0	0	0	0	0	0	0
−15	−18	−22	−28	−40	−9	−12	−16	−5	−8	−12	−18	−30	−48	−75	−120
−13	−13	−13	−13	−13	−5	−5	−5	0	0	0	0	0	0	0	0
−19	−22	−28	−35	−49	−11	−14	−20	−6	−9	−15	−22	−36	−58	−90	−150
−16	−16	−16	−16	−16	−6	−6	−6	0	0	0	0	0	0	0	0
−24	−27	−34	−43	−59	−14	−17	−24	−8	−11	−18	−27	−43	−70	−110	−180
−20	−20	−20	−20	−20	−7	−7	−7	0	0	0	0	0	0	0	0
−29	−33	−41	−53	−72	−16	−20	−28	−9	−13	−21	−33	−52	−84	−130	−210
−25	−25	−25	−25	−25	−9	−9	−9	0	0	0	0	0	0	0	0
−36	−41	−50	−64	−87	−20	−25	−34	−11	−16	−25	−39	−62	−100	−160	−250
−30	−30	−30	−30	−30	−10	−10	−10	0	0	0	0	0	0	0	0
−43	−49	−60	−76	−104	−23	−29	−40	−13	−19	−30	−46	−74	−120	−190	−300
−36	−36	−36	−36	−36	−12	−12	−12	0	0	0	0	0	0	0	0
−51	−58	−71	−90	−123	−27	−34	−47	−15	−22	−35	−54	−87	−140	−220	−350
−43	−43	−43	−43	−43	−14	−14	−14	0	0	0	0	0	0	0	0
−61	−68	−83	−106	−143	−32	−39	−54	−18	−25	−40	−63	−100	−160	−250	−400
−50	−50	−50	−50	−50	−15	−15	−15	0	0	0	0	0	0	0	0
−70	−79	−96	−122	−165	−35	−44	−61	−20	−29	−46	−72	−115	−185	−290	−460
−56	−56	−56	−56	−56	−17	−17	−17	0	0	0	0	0	0	0	0
−79	−88	−108	−137	−186	−40	−49	−69	−23	−32	−52	−81	−130	−210	−320	−520
−62	−62	−62	−62	−62	−18	−18	−18	0	0	0	0	0	0	0	0
−87	−98	−119	−151	−202	−43	−54	−75	−25	−36	−57	−89	−140	−230	−360	−570

机械制图

公称尺寸 /mm		js			k			m			n			p		极限偏
大于	至	5	6	7	5	6	7	5	6	7	5	6	7	5	6	7
—	3	±2	±3	±5	+4 0	+6 0	+10 0	+6 +2	+8 +2	+12 +2	+8 +4	+10 +4	+14 +4	+10 +6	+12 +6	+16 +6
3	6	±2.5	±4	±6	+6 +1	+9 +1	+13 +1	+9 +4	+12 +4	+16 +4	+13 +8	+16 +8	+20 +8	+17 +12	+20 +12	+24 +12
6	10	±3	±4.5	±7	+7 +1	+10 +1	+16 +1	+12 +6	+15 +6	+21 +6	+16 +10	+19 +10	+25 +10	+21 +15	+24 +15	+30 +15
10	14	±4	±5.5	±9	+9 +1	+12 +1	+19 +1	+15 +7	+18 +7	+25 +7	+20 +12	+23 +12	+30 +12	+26 +18	+29 +18	+36 +18
14	18	±4	±5.5	±9	+9 +1	+12 +1	+19 +1	+15 +7	+18 +7	+25 +7	+20 +12	+23 +12	+30 +12	+26 +18	+29 +18	+36 +18
18	24	±4.5	±6.5	±10	+11 +2	+15 +2	+23 +2	+17 +8	+21 +8	+29 +8	+24 +15	+28 +15	+35 +15	+31 +22	+35 +22	+43 +22
24	30	±4.5	±6.5	±10	+11 +2	+15 +2	+23 +2	+17 +8	+21 +8	+29 +8	+24 +15	+28 +15	+35 +15	+31 +22	+35 +22	+43 +22
30	40	±5.5	±8	±12	+13 +2	+18 +2	+27 +2	+20 +9	+25 +9	+34 +9	+28 +17	+33 +17	+42 +17	+37 +26	+42 +26	+51 +26
40	50	±5.5	±8	±12	+13 +2	+18 +2	+27 +2	+20 +9	+25 +9	+34 +9	+28 +17	+33 +17	+42 +17	+37 +26	+42 +26	+51 +26
50	65	±6.5	±9.5	±15	+15 +2	+21 +2	+32 +2	+24 +11	+30 +11	+41 +11	+33 +20	+39 +20	+50 +20	+45 +32	+51 +32	+62 +32
65	80	±6.5	±9.5	±15	+15 +2	+21 +2	+32 +2	+24 +11	+30 +11	+41 +11	+33 +20	+39 +20	+50 +20	+45 +32	+51 +32	+62 +32
80	100	±7.5	±11	±17	+18 +3	+25 +3	+38 +3	+28 +13	+35 +13	+48 +13	+38 +23	+45 +23	+58 +23	+52 +37	+59 +37	+72 +37
100	120	±7.5	±11	±17	+18 +3	+25 +3	+38 +3	+28 +13	+35 +13	+48 +13	+38 +23	+45 +23	+58 +23	+52 +37	+59 +37	+72 +37
120	140	±9	±12.5	±20	+21 +3	+28 +3	+43 +3	+33 +15	+40 +15	+55 +15	+45 +27	+52 +27	+67 +27	+61 +43	+68 +43	+83 +43
140	160	±9	±12.5	±20	+21 +3	+28 +3	+43 +3	+33 +15	+40 +15	+55 +15	+45 +27	+52 +27	+67 +27	+61 +43	+68 +43	+83 +43
160	180	±9	±12.5	±20	+21 +3	+28 +3	+43 +3	+33 +15	+40 +15	+55 +15	+45 +27	+52 +27	+67 +27	+61 +43	+68 +43	+83 +43
180	200	±10	±14.5	±23	+24 +4	+33 +4	+50 +4	+27 +17	+46 +17	+63 +17	+51 +31	+60 +31	+77 +31	+70 +50	+79 +50	+96 +50
200	225	±10	±14.5	±23	+24 +4	+33 +4	+50 +4	+27 +17	+46 +17	+63 +17	+51 +31	+60 +31	+77 +31	+70 +50	+79 +50	+96 +50
225	250	±10	±14.5	±23	+24 +4	+33 +4	+50 +4	+27 +17	+46 +17	+63 +17	+51 +31	+60 +31	+77 +31	+70 +50	+79 +50	+96 +50
250	280	±11.5	±16	±26	+27 +4	+36 +4	+56 +4	+43 +20	+52 +20	+72 +20	+57 +34	+66 +34	+86 +34	+79 +56	+88 +56	+108 +56
280	315	±11.5	±16	±26	+27 +4	+36 +4	+56 +4	+43 +20	+52 +20	+72 +20	+57 +34	+66 +34	+86 +34	+79 +56	+88 +56	+108 +56
315	355	±12.5	±18	±28	+29 +4	+40 +4	+61 +4	+46 +21	+57 +21	+78 +21	+62 +37	+73 +37	+94 +37	+87 +62	+98 +62	+119 +62
355	400	±12.5	±18	±28	+29 +4	+40 +4	+61 +4	+46 +21	+57 +21	+78 +21	+62 +37	+73 +37	+94 +37	+87 +62	+98 +62	+119 +62

（续）

差/μm

r			s			t			u		v	x	y	z
5	6	7	5	6	7	5	6	7	6	7	6	6	6	6
+14/+10	+16/+10	+20/+10	+18/+14	+20/+14	+24/+14	—	—	—	+24/+18	+28/+18	—	+26/+20	—	+32/+26
+20/+15	+23/+15	+27/+15	+24/+19	+27/+19	+31/+19	—	—	—	+31/+23	+35/+23	—	+36/+28	—	+43/+35
+25/+19	+28/+19	+34/+19	+29/+23	+32/+23	+38/+23	—	—	—	+37/+28	+43/+28	—	+43/+34	—	+51/+42
+31/+23	+34/+23	+41/+23	+36/+28	+39/+28	+46/+28	—	—	—	+44/+33	+51/+33	—	+51/+40	—	+61/+50
						—	—	—			+50/+39	+56/+45	—	+71/+60
+37/+28	+41/+28	+49/+28	+44/+35	+48/+35	+56/+35	—	—	—	+54/+41	+62/+41	+60/+47	+67/+54	+76/+63	+86/+73
						+50/+41	+54/+41	+62/+41	+61/+48	+69/+48	+68/+55	+77/+64	+88/+75	+101/+88
+45/+34	+50/+34	+59/+34	+54/+43	+59/+43	+68/+43	+59/+48	+64/+48	+73/+48	+76/+60	+85/+60	+84/+68	+96/+80	+110/+94	+128/+112
						+65/+54	+70/+54	+79/+54	+86/+70	+95/+70	+97/+81	+113/+97	+130/+114	+152/+136
+54/+41	+60/+41	+71/+41	+66/+53	+72/+53	+83/+53	+79/+66	+85/+66	+96/+66	+106/+87	+117/+87	+121/+102	+141/+122	+163/+144	+191/+172
+56/+43	+62/+43	+73/+43	+72/+59	+78/+59	+89/+59	+88/+75	+94/+75	+105/+75	+121/+102	+132/+102	+139/+120	+165/+146	+193/+174	+229/+210
+66/+51	+73/+51	+86/+51	+86/+71	+93/+71	+106/+71	+106/+91	+113/+91	+126/+91	+146/+124	+159/+124	+168/+146	+200/+178	+236/+214	+280/+258
+69/+54	+76/+54	+89/+54	+94/+79	+101/+79	+114/+79	+110/+104	+126/+104	+139/+104	+166/+144	+179/+144	+194/+172	+232/+210	+276/+254	+332/+310
+81/+63	+88/+63	+103/+63	+110/+92	+117/+92	+132/+92	+140/+132	+147/+122	+162/+122	+195/+170	+210/+170	+227/+202	+273/+248	+325/+300	+390/+365
+83/+65	+90/+65	+105/+65	+118/+100	+125/+100	+140/+100	+152/+134	+159/+134	+174/+134	+215/+190	+230/+190	+253/+228	+305/+280	+365/+340	+440/+415
+86/+68	+93/+68	+108/+68	+126/+108	+133/+108	+148/+108	+164/+146	+171/+146	+186/+146	+235/+210	+250/+210	+277/+252	+335/+310	+405/+380	+490/+465
+97/+77	+106/+77	+123/+77	+142/+122	+151/+122	+168/+122	+186/+166	+195/+166	+212/+166	+265/+236	+282/+236	+313/+284	+379/+350	+454/+425	+549/+520
+100/+80	+109/+80	+126/+80	+150/+130	+159/+130	+176/+130	+200/+180	+209/+180	+226/+180	+287/+258	+304/+258	+339/+310	+414/+385	+499/+470	+604/+575
+104/+84	+113/+84	+130/+84	+160/+140	+169/+140	+186/+140	+216/+196	+225/+196	+242/+196	+313/+284	+330/+284	+369/+340	+454/+425	+549/+520	+669/+640
+117/+94	+126/+94	+146/+94	+181/+158	+190/+158	+210/+158	+241/+218	+250/+218	+270/+218	+347/+315	+367/+315	+417/+385	+507/+475	+612/+580	+742/+710
+121/+98	+130/+98	+150/+98	+193/+170	+202/+170	+222/+170	+263/+240	+272/+240	+292/+240	+382/+350	+402/+350	+457/+425	+557/+525	+682/+650	+822/+790
+133/+108	+144/+108	+165/+108	+215/+190	+226/+190	+247/+190	+293/+268	+304/+268	+325/+268	+426/+390	+447/+390	+511/+475	+626/+590	+766/+730	+936/+900
+139/+114	+150/+114	+171/+114	+233/+208	+244/+208	+265/+208	+319/+294	+330/+294	+351/+294	+471/+435	+492/+435	+566/+530	+696/+660	+856/+820	+1036/+1000

附表 F-2　孔的极限偏差（GB/T 1800.2—2009）

公称尺寸/mm		极限偏													
		A	B		C	D				E		F			
大于	至	11	11	12	11	8	9	10	11	8	9	6	7	8	9
—	3	+330 +270	+200 +140	+240 +140	+120 +60	+34 +20	+45 +20	+60 +20	+80 +20	+28 +14	+39 +14	+12 +6	+16 +6	+20 +6	+31 +6
3	6	+345 +270	+215 +140	+260 +140	+145 +70	+48 +30	+60 +30	+78 +30	+105 +30	+38 +20	+50 +20	+18 +10	+22 +10	+28 +10	+40 +10
6	10	+370 +280	+240 +150	+300 +150	+170 +80	+62 +40	+76 +40	+98 +40	+130 +40	+47 +25	+61 +25	+22 +13	+28 +13	+35 +13	+49 +13
10	14	+400 +290	+260 +150	+330 +150	+205 +95	+77 +50	+93 +50	+120 +50	+160 +50	+59 +32	+75 +32	+27 +16	+34 +16	+43 +16	+59 +16
14	18														
18	24	+430 +300	+290 +160	+370 +160	+240 +110	+98 +65	+117 +65	+149 +65	+195 +65	+73 +40	+92 +40	+33 +20	+41 +20	+53 +20	+72 +20
24	30														
30	40	+470 +310	+330 +170	+420 +170	+280 +120	+119 +80	+142 +80	+180 +80	+240 +80	+89 +50	+112 +50	+41 +25	+50 +25	+64 +25	+87 +25
40	50	+480 +320	+340 +180	+430 +180	+290 +130										
50	65	+530 +340	+380 +190	+490 +190	+330 +140	+146 +100	+170 +100	+220 +100	+290 +100	+106 +60	+134 +60	+49 +30	+60 +30	+76 +30	+104 +30
65	80	+550 +360	+390 +200	+500 +200	+340 +150										
80	100	+600 +380	+440 +220	+570 +220	+390 +170	+174 +120	+207 +120	+260 +120	+340 +120	+126 +72	+159 +72	+58 +36	+71 +36	+90 +36	+123 +36
100	120	+630 +410	+460 +240	+590 +240	+400 +180										
120	140	+710 +460	+510 +260	+660 +260	+450 +200	+208 +145	+245 +145	+305 +145	+395 +145	+148 +85	+185 +85	+38 +43	+83 +43	+106 +43	+143 +43
140	160	+770 +520	+530 +280	+680 +280	+460 +210										
160	180	+830 +580	+560 +310	+710 +310	+480 +230										
180	200	+950 +660	+630 +340	+800 +340	+530 +240	+242 +170	+285 +170	+355 +170	+460 +170	+172 +100	+215 +100	+79 +50	+96 +50	+122 +50	+165 +50
200	225	+1030 +740	+670 +380	+840 +380	+550 +260										
225	250	+1110 +820	+710 +420	+880 +420	+570 +280										
250	280	+1240 +920	+800 +480	+1000 +480	+620 +300	+271 +190	+320 +190	+400 +190	+510 +190	+191 +110	+240 +110	+88 +56	+108 +56	+137 +56	+186 +56
280	315	+1370 +1050	+860 +540	+1060 +540	+650 +330										
315	355	+1560 +1200	+960 +600	+1170 +600	+720 +360	+299 +210	+350 +210	+440 +210	+570 +210	+214 +125	+265 +125	+98 +62	+119 +62	+151 +62	+202 +62
355	400	+1710 +1350	+1040 +680	+1250 +680	+760 +400										

差/μm

G		H							JS			K		
6	7	6	7	8	9	10	11	12	6	7	8	6	7	8
+8 / +2	+12 / +2	+6 / 0	+10 / 0	+14 / 0	+25 / 0	+40 / 0	+60 / 0	+100 / 0	±3	±5	±7	0 / −6	0 / −10	0 / −14
+12 / +4	+16 / +4	+8 / 0	+12 / 0	+18 / 0	+30 / 0	+48 / 0	+75 / 0	+120 / 0	±4	±6	±9	+2 / −6	+3 / −9	+5 / −13
+14 / +5	+20 / +5	+9 / 0	+15 / 0	+22 / 0	+36 / 0	+58 / 0	+90 / 0	+150 / 0	±4.5	±7	±11	+2 / −7	+5 / −10	+6 / −16
+17 / +6	+24 / +6	+11 / 0	+18 / 0	+27 / 0	+43 / 0	+70 / 0	+110 / 0	+180 / 0	±5.5	±9	±13	+2 / −9	+6 / −12	+8 / −19
+20 / +7	+28 / +7	+13 / 0	+21 / 0	+33 / 0	+52 / 0	+84 / 0	+130 / 0	+210 / 0	±6.5	±10	±16	+2 / −11	+6 / −15	+10 / −23
+25 / +9	+34 / +9	+16 / 0	+25 / 0	+39 / 0	+62 / 0	+100 / 0	+160 / 0	+250 / 0	±8	±12	±19	+3 / −13	+7 / −18	+12 / −27
+29 / +10	+40 / +10	+19 / 0	+30 / 0	+46 / 0	+74 / 0	+120 / 0	+190 / 0	+300 / 0	±9.5	±15	±23	+4 / −15	+9 / −21	+14 / −32
+34 / +12	+47 / +12	+22 / 0	+35 / 0	+54 / 0	+87 / 0	+140 / 0	+220 / 0	+350 / 0	±11	±17	±27	+4 / −18	+10 / −25	+16 / −38
+39 / +14	+54 / +14	+25 / 0	+40 / 0	+63 / 0	+100 / 0	+160 / 0	+250 / 0	+400 / 0	±12.5	±20	±31	+4 / −21	+12 / −28	+20 / −43
+44 / +15	+61 / +15	+29 / 0	+46 / 0	+72 / 0	+115 / 0	+185 / 0	+290 / 0	+460 / 0	±14.5	±23	±36	+5 / −24	+13 / −33	+22 / −50
+49 / +17	+69 / +17	+32 / 0	+52 / 0	+81 / 0	+130 / 0	+210 / 0	+320 / 0	+520 / 0	±16	±26	±40	+5 / −27	+16 / −36	+25 / −56
+54 / +18	+75 / +18	+36 / 0	+57 / 0	+89 / 0	+140 / 0	+230 / 0	+360 / 0	+570 / 0	±18	±28	±44	+7 / −29	+17 / −40	+28 / −61

(续)

公称尺寸/mm		极限偏差/μm													
		M			N			P		R		S		T		U
大于	至	6	7	8	6	7	8	6	7	6	7	6	7	6	7	7
—	3	-2/-8	-2/-12	-2/-16	-4/-10	-4/-14	-4/-18	-6/-12	-6/-16	-10/-16	-10/-20	-14/-20	-14/-24	—	—	-18/-28
3	6	-1/-9	0/-12	+2/-16	-5/-13	-4/-16	-2/-20	-9/-17	-8/-20	-12/-20	-11/-23	-16/-24	-15/-27	—	—	-19/-31
6	10	-3/-12	0/-15	+1	-7/-16	-4/-19	-3/-25	-12/-21	-9/-24	-16/-25	-13/-28	-20/-29	-17/-32	—	—	-22/-37
10	14	-4/-15	0/-18	+2/-25	-9/-20	-5/-23	-3/-30	-15/-26	-11/-29	-20/-31	-16/-34	-25/-36	-21/-39	—	—	-26/-44
14	18	-4/-15	0/-18	+2/-25	-9/-20	-5/-23	-3/-30	-15/-26	-11/-29	-20/-31	-16/-34	-25/-36	-21/-39	—	—	-26/-44
18	24	-4/-17	0/-21	+4/-29	-11/-24	-7/-28	-3/-36	-18/-31	-14/-35	-24/-37	-20/-41	-31/-44	-27/-48	—	—	-33/-54
24	30	-4/-17	0/-21	+4/-29	-11/-24	-7/-28	-3/-36	-18/-31	-14/-35	-24/-37	-20/-41	-31/-44	-27/-48	-37/-50	-33/-54	-40/-61
30	40	-4/-20	0/-25	+5/-34	-12/-28	-8/-33	-3/-42	-21/-37	-17/-42	-29/-45	-25/-50	-38/-54	-34/-59	-43/-59	-39/-64	-51/-76
40	50	-4/-20	0/-25	+5/-34	-12/-28	-8/-33	-3/-42	-21/-37	-17/-42	-29/-45	-25/-50	-38/-54	-34/-59	-49/-65	-45/-70	-61/-86
50	65	-5/-24	0/-30	+5/-41	-14/-33	-9/-39	-4/-50	-26/-45	-21/-51	-35/-54	-30/-60	-47/-66	-42/-72	-60/-79	-55/-85	-76/-106
65	80	-5/-24	0/-30	+5/-41	-14/-33	-9/-39	-4/-50	-26/-45	-21/-51	-37/-66	-32/-62	-53/-72	-48/-78	-69/-88	-64/-94	-91/-121
80	100	-6/-28	0/-35	+6/-48	-16/-38	-10/-45	-4/-58	-30/-52	-24/-59	-44/-66	-38/-73	-64/-86	-58/-93	-84/-106	-78/-113	-111/-146
100	120	-6/-28	0/-35	+6/-48	-16/-38	-10/-45	-4/-58	-30/-52	-24/-59	-47/-69	-41/-76	-72/-94	-66/-101	-97/-119	-91/-126	-131/-166
120	140	-8/-33	0/-40	+8/-55	-20/-45	-12/-52	-4/-67	-36/-61	-28/-68	-56/-81	-48/-88	-85/-110	-77/-117	-115/-140	-107/-147	-155/-195
140	160	-8/-33	0/-40	+8/-55	-20/-45	-12/-52	-4/-67	-36/-61	-28/-68	-58/-83	-50/-90	-93/-118	-85/-125	-127/-152	-119/-159	-175/-215
160	180	-8/-33	0/-40	+8/-55	-20/-45	-12/-52	-4/-67	-36/-61	-28/-68	-61/-86	-53/-93	-101/-126	-93/-133	-139/-164	-131/-171	-195/-235
180	200	-8/-37	0/-46	+9/-63	-22/-51	-14/-60	-5/-77	-41/-70	-33/-79	-68/-97	-60/-106	-113/-142	-105/-151	-157/-186	-149/-195	-219/-265
200	225	-8/-37	0/-46	+9/-63	-22/-51	-14/-60	-5/-77	-41/-70	-33/-79	-71/-100	-63/-109	-121/-150	-113/-159	-171/-200	-163/-209	-241/-287
225	250	-8/-37	0/-46	+9/-63	-22/-51	-14/-60	-5/-77	-41/-70	-33/-79	-75/-104	-67/-113	-131/-160	-123/-169	-187/-216	-179/-225	-267/-313
250	280	-9/-41	0/-52	+9/-72	-25/-57	-14/-66	-5/-86	-47/-79	-36/-88	-85/-117	-74/-126	-149/-181	-138/-190	-209/-241	-198/-250	-295/-347
280	315	-9/-41	0/-52	+9/-72	-25/-57	-14/-66	-5/-86	-47/-79	-36/-88	-98/-130	-78/-130	-161/-193	-150/-202	-231/-263	-220/-272	-330/-382
315	355	-10/-46	0/-57	+11/-78	-26/-62	-16/-73	-5/-94	-51/-87	-41/-98	-97/-133	-87/-144	-179/-215	-169/-226	-257/-293	-247/-304	-369/-426
355	400	-10/-46	0/-57	+11/-78	-26/-62	-16/-73	-5/-94	-51/-87	-41/-98	-103/-139	-93/-150	-197/-233	-187/-244	-283/-319	-273/-330	-414/-471

附表 F-3　标准公差数值（摘自 GB/T 1800.2—2009）

公称尺寸 /mm		公差等级																	
		IT1	IT2	IT3	IT4	IT5	IT6	IT7	IT8	IT9	IT10	IT11	IT12	IT13	IT14	IT15	IT16	IT17	IT18
大于	至	μm											mm						
—	3	0.8	1.2	2	3	4	6	10	14	25	40	60	0.10	0.14	0.25	0.40	0.60	1.0	1.4
3	6	1	1.5	2.5	4	5	8	12	18	30	48	75	0.12	0.18	0.30	0.48	0.75	1.2	1.8
6	10	1	1.5	2.5	4	6	9	15	22	36	58	90	0.15	0.22	0.36	0.58	0.90	1.5	2.2
10	18	1.2	2	3	5	8	11	18	27	43	70	110	0.18	0.27	0.43	0.70	1.10	1.8	2.7
18	30	1.5	2.5	4	6	9	13	21	33	52	84	130	0.21	0.33	0.52	0.84	1.30	2.1	3.3
30	50	1.5	2.5	4	7	11	16	25	39	62	100	160	0.25	0.39	0.62	1.00	1.60	2.5	3.9
50	80	2	3	5	8	13	19	30	46	74	120	190	0.30	0.46	0.74	1.20	1.90	3.0	4.6
80	120	2.5	4	6	10	15	22	35	54	87	140	220	0.35	0.54	0.87	1.40	2.20	3.5	5.4
120	180	3.5	5	8	12	18	25	40	63	100	160	250	0.40	0.63	1.00	1.60	2.50	4.0	6.3
180	250	4.5	7	10	14	20	29	46	72	115	185	290	0.46	0.72	1.15	1.85	2.90	4.6	7.2
250	315	6	8	12	16	23	32	52	81	130	210	320	0.50	0.81	1.30	2.10	3.20	5.2	8.1
315	400	7	9	13	18	25	36	57	89	140	230	360	0.57	0.89	1.40	2.30	3.60	5.7	8.9

附录 G　滚动轴承

附表 G-1　深沟球轴承（GB/T 276—2013）

6000型标准外形

标记示例：滚动轴承　6210　GB/T 276

轴承代号	尺寸/mm			
	d	D	B	r_{smin}
02 系列				
6200	10	30	9	0.6
6201	12	32	10	0.6
6202	15	35	11	0.6
6203	17	40	12	0.6
6204	20	47	14	1
6205	25	52	15	1

（续）

轴承代号	尺寸/mm			
	d	D	B	r_{smin}
02 系列				
6206	30	62	16	1
6207	35	72	17	1.1
6208	40	80	18	1.1
6209	45	85	19	1.1
6210	50	90	20	1.1
6211	55	100	21	1.5
6212	60	110	22	1.5
6213	65	120	23	1.5
6214	70	125	24	1.5
6215	75	130	25	1.5
6216	80	140	26	2
6217	85	150	28	2
6218	90	160	30	2
6219	95	170	32	2.1
6220	100	180	34	2.1
03 系列				
6300	10	35	11	0.6
6301	12	37	12	1
6302	15	42	13	1
6303	17	47	14	1
6304	20	52	15	1.1
6305	25	62	17	1.1
6306	30	72	19	1.1
6307	35	80	21	1.5
6308	40	90	23	1.5
6309	45	100	25	1.5
6310	50	110	27	2
6311	55	120	29	2
6312	60	130	31	2.1
6313	65	140	33	2.1
6314	70	150	35	2.1
6315	75	160	37	2.1
6316	80	170	39	2.1
6317	85	180	41	3
6318	90	190	43	3

（续）

轴承代号	尺寸/mm			
	d	D	B	r_{smin}
03 系列				
6319	95	200	45	3
6320	100	215	47	3
04 系列				
6403	17	62	17	1.1
6404	20	72	19	1.1
6405	25	80	21	1.5
6406	30	90	23	1.5
6407	35	100	25	1.5
6408	40	110	27	2
6409	45	120	29	2
6410	50	130	31	2.1
6411	55	140	33	2.1
6412	60	150	35	2.1
6413	65	160	37	2.1
6414	70	180	42	3
6415	75	190	45	3
6416	80	200	48	3
6417	85	210	52	4
6418	90	225	54	4

附表 G-2　圆锥滚子轴承（GB/T 297—2015）

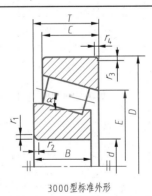

3000型标准外形

标记示例：滚动轴承　30312　GB/T 297

轴承代号	尺寸/mm								
	d	D	B	C	T	r_{1smin} r_{2smin}	r_{3smin} r_{4smin}	α	E
02 系列									
30203	17	40	12	11	13.25	1	1	12°57′10″	31.408
30204	20	47	14	12	15.25	1	1	12°57′10″	37.304
30205	25	52	15	13	16.25	1	1	14°02′10″	41.135
30206	30	62	16	14	17.25	1	1	14°02′10″	49.990

（续）

轴承代号	尺寸/mm								
	d	D	B	C	T	r_{1smin} r_{2smin}	r_{3smin} r_{4smin}	α	E
02 系列									
30207	35	72	17	15	18.25	1.5	1.5	14°02′10″	58.844
30208	40	80	18	16	19.75	1.5	1.5	14°02′10″	65.730
30209	45	85	19	16	20.75	1.5	1.5	15°06′34″	70.440
30210	50	90	20	17	21.75	1.5	1.5	15°38′32″	75.078
30211	55	100	21	18	22.75	2	1.5	15°06′94″	84.197
30212	60	110	22	19	23.75	2	1.5	15°06′34″	91.876
30213	65	120	23	20	24.75	2	1.5	15°06′34″	101.934
30214	70	125	24	21	26.25	2	1.5	15°38′32″	105.748
30215	75	130	25	22	27.25	2	1.5	16°10′20″	110.408
30216	80	140	26	22	28.25	2.5	2	15°38′32″	119.169
30217	85	150	28	24	30.5	2.5	2	15°38′32″	119.169
30218	90	160	30	26	32.5	2.5	2	15°38′32″	134.901
30219	95	170	32	27	34.5	3	2.5	15°38′32″	143.385
30220	100	180	34	29	37	3	2.5	15°38′32″	151.310
03 系列									
30302	15	42	13	11	14.25	1	1	10°45′29″	33.272
30303	17	47	14	12	15.25	1	1	10°45′29″	37.420
30304	20	52	15	13	16.25	1.5	1.5	11°18′36″	41.318
30305	25	62	17	15	18.25	1.5	1.5	11°18′36″	50.637
30306	30	72	19	16	20.75	1.5	1.5	11°51′35″	58.287
30307	35	80	21	18	22.75	2	1.5	11°51′35″	65.769
30308	40	90	23	20	25.25	2	1.5	12°57′10″	72.703
30309	45	100	25	22	27.25	2	1.5	12°57′10″	81.780
30310	50	110	27	23	29.25	2.5	2	12°57′10″	90.633
30311	55	120	29	25	31.5	2.5	2	12°57′10″	99.146
30312	60	130	31	26	33.5	3	2.5	12°57′10″	107.769
30313	65	140	33	28	36	3	2.5	12°57′10″	116.846
30314	70	150	35	30	38	3	2.5	12°57′10″	125.244
30315	75	160	37	31	40	3	2.5	12°57′10″	134.097
30316	80	170	39	33	42.5	3	2.5	12°57′10″	143.174
30317	85	180	41	34	44.5	4	3	12°57′10″	150.433
30318	90	190	43	36	46.5	4	3	12°57′10″	159.061

（续）

轴承代号	尺寸/mm								
	d	D	B	C	T	r_{1smin} r_{2smin}	r_{3smin} r_{4smin}	α	E
03 系列									
30319	95	200	45	38	49.5	4	3	12°57′10″	165.861
30320	100	215	47	39	51.5	4	3	12°57′10″	178.578

附表 G-3　推力球轴承（GB/T 301—2015）

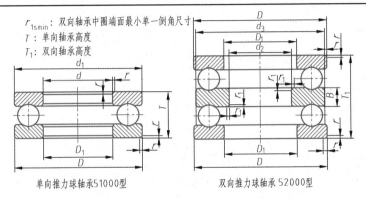

r_{1smin}：双向轴承中圈端面最小单一倒角尺寸
T：单向轴承高度
T_1：双向轴承高度

单向推力球轴承51000型　　　双向推力球轴承52000型

标记示例：滚动轴承　51214　GB/T 301

轴承代号		尺寸/mm								
51000 型	52000 型	d	D_{1smin}	d_{1smax}	D	T	r_{smin}	d_2	T_1	B	d_{3smax}
12、22 系列											
51200	—	10	12	26	26	11	0.6	—	—	—	—
51201	—	12	14	28	28	11	0.6	—	—	—	—
51202	52202	15	17	32	32	12	0.6	10	22	5	32
51203	—	17	19	35	35	12	0.6	—	—	—	—
51204	52204	20	22	40	40	14	0.6	15	26	6	40
51205	52205	25	27	47	47	15	0.6	20	28	7	47
51206	52206	30	32	52	52	16	0.6	25	29	7	52
51207	52207	35	37	62	62	18	1	30	34	8	62
51208	52208	40	42	68	68	19	1	30	36	9	68
51209	52209	45	47	73	73	20	1	35	37	9	73
51210	52210	50	52	78	78	22	1	40	39	9	78
51211	52211	55	57	90	90	25	1	45	45	10	90
51212	52212	60	62	95	95	26	1	50	46	10	95
51213	52213	65	67	100	100	27	1	55	47	10	100
51214	52214	70	72	105	105	27	1	55	47	10	105
51215	52215	75	77	110	110	27	1	60	47	10	110
51216	52216	80	82	115	115	28	1	65	48	10	115
51217	52217	85	88	125	125	31	1	70	55	12	125
51218	52218	90	93	135	135	35	1.1	75	62	14	135

（续）

轴承代号		尺寸/mm									
51000 型	52000 型	d	D_{1smin}	d_{1smax}	D	T	r_{smin}	d_2	T_1	B	d_{3smax}
12、22 系列											
51220	52220	100	103	150	150	38	1.1	85	67	15	150
13、23 系列											
51304	—	20	22	47	47	18	1	—	—	—	—
51305	52305	25	27	52	52	18	1	20	34	8	52
51306	52306	30	32	60	60	21	1	25	38	9	60
51307	52307	35	37	68	68	24	1	30	44	10	68
51308	52308	40	42	78	78	26	1	30	49	12	78
51309	52309	45	47	85	85	28	1	35	52	12	85
51310	52310	50	52	95	95	31	1.1	40	58	14	95
51311	52311	55	57	105	105	35	1.1	45	64	15	105
51312	52312	60	62	110	110	35	1.1	50	64	15	110
51313	52313	65	67	115	115	36	1.1	55	65	15	115
51314	52314	70	72	125	125	40	1.1	55	72	16	125
51315	52315	75	77	135	135	44	1.5	60	79	18	135
51316	52316	80	82	140	140	44	1.5	65	79	18	140
51317	52317	85	88	150	150	49	1.5	70	87	19	150
51318	52318	90	93	155	155	50	1.5	75	88	19	155
51320	52320	100	103	170	170	55	1.5	85	97	21	170
14、24 系列											
51405	52405	25	27	60	60	24	1	15	45	11	27
51406	52406	30	32	70	70	28	1	20	52	12	32
51407	52407	35	37	80	80	32	1.1	25	59	14	37
51408	52408	40	42	90	90	36	1.1	30	65	15	42
51409	52409	45	47	100	100	39	1.1	35	72	17	47
51410	52410	50	52	110	110	43	1.5	40	78	18	52
51411	52411	55	57	120	120	48	1.5	45	87	20	57
51412	52412	60	62	130	130	51	1.5	50	93	21	62
51413	52413	65	68	140	140	56	2	50	101	23	68
51414	52414	70	73	150	150	60	2	55	107	24	73
51415	52415	75	78	160	160	65	2	60	115	26	78
51416	52416	80	83	170	170	68	2.1	65	120	27	83
51417	52417	85	88	177	180	72	2.1	65	128	29	88
51418	52418	90	93	187	190	77	2.1	70	135	30	93
51420	52420	100	103	205	210	85	3	80	150	33	103

参 考 文 献

[1] 胡建生. 机械制图：多学时 [M]. 3 版. 北京：机械工业出版社，2017.
[2] 刘力，王冰. 机械制图 [M]. 4 版. 北京：高等教育出版社，2013.
[3] 房芳，陈婷，李东兵. 汽车机械识图 [M]. 2 版. 北京：人民邮电出版社，2014.
[4] 钱可强. 机械制图 [M]. 2 版. 北京：高等教育出版社，2007.